"十四五"职业教育国家规划教材

工业和信息化部"十四五"规划教材
工业和信息化精品系列教材

Android
项目开发实践

任务式 | 微课版 | 第2版

刘少坤 ◉ 主编
刘行言 刘志勇 石彦杰 ◉ 副主编

ANDROID PROJECT PRACTICE

人民邮电出版社
北京

图书在版编目（CIP）数据

Android项目开发实践 ：任务式 ：微课版 / 刘少坤主编. -- 2版. -- 北京 ：人民邮电出版社，2023.9（2024.5重印）
工业和信息化精品系列教材
ISBN 978-7-115-62492-5

Ⅰ. ①A… Ⅱ. ①刘… Ⅲ. ①移动终端－应用程序－程序设计－教材 Ⅳ. ①TN929.53

中国国家版本馆CIP数据核字(2023)第153402号

内 容 提 要

本书详细地介绍了全新的 Android 项目开发技术，并讲述了开发项目的完整流程和项目各部分的基本开发过程，全书以与企业真实合作开发流动党员之家 App 为例，将完整的项目开发分为 10 个学习单元，每个单元根据教学需要划分不同的任务。10 个单元分别介绍了搭建流动党员之家开发测试环境、创建流动党员之家项目准备、创建流动党员之家主界面、编辑流动党员之家注册页、编辑流动党员之家登录页、编辑流动党员之家个人中心页、编辑流动党员之家党建活动页、编辑流动党员之家首页、完成流动党员之家开发收尾、完成流动党员之家打包签名。学习单元概述部分描述本单元应学习和掌握的内容。任务部分描述本任务的要求、重点、工作流程等，其中包括任务描述、相关知识、任务实施、扩展知识和任务小结。任务描述讲解任务的导入；相关知识讲解任务中用到的知识；任务实施讲解任务的具体操作实现步骤；扩展知识讲解与本任务相关的扩展知识与前沿技术。

本书可以作为高职高专计算机相关专业和非计算机专业学习移动应用开发的教材，也可以作为移动应用开发培训班教材，并适合计算机开发人员、计算机销售技术支持的专业人员和广大计算机爱好者自学使用。

◆ 主　　编　刘少坤
副 主 编　刘行言　刘志勇　石彦杰
责任编辑　桑　珊
责任印制　王　郁　焦志炜

◆ 人民邮电出版社出版发行　　北京市丰台区成寿寺路 11 号
邮编　100164　电子邮件　315@ptpress.com.cn
网址　https://www.ptpress.com.cn
山东百润本色印刷有限公司印刷

◆ 开本：787×1092　1/16
印张：11.75　　2023 年 9 月第 2 版
字数：291 千字　　2024 年 5 月山东第 3 次印刷

定价：49.80 元

读者服务热线：(010)81055256　印装质量热线：(010)81055316
反盗版热线：(010)81055315
广告经营许可证：京东市监广登字 20170147 号

前　言

PREFACE

本书全面贯彻党的二十大精神，以社会主义核心价值观为引领，传承中华优秀传统文化，坚定文化自信，使内容更好体现时代性、把握规律性、富于创造性。

Android 移动应用开发是移动应用开发人才必须具备的基本技能，也是高职计算机类专业的一门重要的核心专业课程。本书以训练读者的 Android 项目开发技能为目标，详细介绍 Android 项目开发方法。

本书采用项目教学的方式组织内容，以与企业真实合作开发流动党员之家 App 为例，以完整的项目开发作为主线，将学习单元按照项目的开发进度、难度进行阶梯式递进设计，前两个学习单元主要对 Android 的开发环境、基础知识、项目创建进行讲解，第 3 ~ 8 学习单元针对项目的页面设计和页面业务功能实现进行解析，最后两个学习单元主要介绍对项目进行开发收尾和签名打包，完成整个项目的开发。本书还另外提供具体代码的编写视频、重点知识和技能的补充视频等，供读者学习。

通过项目开发实践及前沿知识的扩展，读者不仅能够掌握 Android 移动应用开发的知识，而且能够掌握项目打包部署技能，达到项目开发对移动应用开发人员的要求。

本书的参考学时为 56 ～ 76 学时，建议采用理论实践一体化教学模式，各学习单元的参考学时见下面的学时分配表。

学时分配表

学习单元	课 程 内 容	学　时
学习单元 01	搭建流动党员之家开发测试环境	6 ～ 8
学习单元 02	创建流动党员之家项目准备	6 ～ 8
学习单元 03	创建流动党员之家主界面	6 ～ 8
学习单元 04	编辑流动党员之家注册页	6 ～ 8
学习单元 05	编辑流动党员之家登录页	6 ～ 8
学习单元 06	编辑流动党员之家个人中心页	6 ～ 8
学习单元 07	编辑流动党员之家党建活动页	6 ～ 8
学习单元 08	编辑流动党员之家首页	6 ～ 8
学习单元 09	完成流动党员之家开发收尾	6 ～ 8
学习单元 10	完成流动党员之家打包签名	2 ～ 4
学时总计		56 ～ 76

前 言

PREFACE

本书由刘少坤任主编，刘行言、刘志勇、石彦杰任副主编，魏云素、李招康、郭红亮参加编写。

由于编者水平有限，书中有不妥之处在所难免，殷切希望广大读者批评指正。同时，恳请读者一旦发现不妥之处及时与编者联系，以便尽快更正，编者将不胜感激。

编　者

2023 年 7 月

目录

CONTENTS

目录

CONTENTS

目录

CONTENTS

目 录

CONTENTS

学习单元01 搭建流动党员之家开发测试环境

1.1 单元概述

本学习单元向大家详细地介绍如何在个人计算机上安装 Android Studio 和雷电模拟器。同时介绍 Android 基础知识、运行环境、命名规则、Android 项目目录。最后介绍如何新建项目。通过本学习单元学习，读者可熟练掌握 Android 开发工具的安装，自由创建项目，了解 Android 开发的基础知识。

表1-1 工作任务单

任务名称	Android 项目开发实践	任务编号	01
子任务名称	完成开发工具安装	完成时间	60min
任务描述	完成 Android 开发工具——Android Studio、雷电模拟器的安装。新建项目，单击运行按钮，将项目运行到雷电模拟器中		
任务要求	完成 Android Studio 的安装		
	完成雷电模拟器的安装		
	完成项目创建		
任务环境	计算机、网络		
任务重点	成功安装 Android Studio、雷电模拟器，可以新建项目并正常运行到雷电模拟器中		
任务准备	Android Studio 安装包、雷电模拟器安装包、JDK 安装包		
任务工作流程	先安装开发工具 Android Studio，再安装运行调试工具雷电模拟器，然后新建项目，单击项目运行按钮，查看项目是否成功运行到雷电模拟器中		
任务评价标准	是否可成功运行项目		
知识链接	1. Android 基本介绍 2. 应用基础知识 3. 开发 Android 程序需要的工具 4. Android 系统架构 5. Android 平台的特点 6. Android 四大组件 7. Android UI 设计 8. 模拟器介绍 9. 调试技术 10. 编码命名规则 11. Android 程序分析 12. 项目运行原理 13. Android Gradle 插件加速应用构建		

1.1.1 知识目标

（1）了解 Android 系统架构。

（2）了解 Android 运行环境。

（3）了解 Android 命名规则。

（4）了解 Android 程序目录。

1.1.2 技能目标

（1）掌握 Android Studio 的安装与使用。

（2）掌握雷电模拟器的安装及使用。

1.2 任务 1——环境搭建

1.2.1 任务描述

Android 的开发工具是 Android Studio，学习 Android 开发，首先我们应该完成 Android Studio 的安装配置。下面我们一起学习 Android Studio 的安装。这里我们以 Android Studio 4.0.1 为例来进行安装。

实施步骤如下。

（1）打开官网下载页面。

（2）下载与系统对应的 Android Studio 版本的安装包。

（3）运行安装程序，成功安装并启动 Android Studio。

1.2.2 相关知识

1. Android 基本介绍

Android 一词的本意指“机器人”，是一种基于 Linux 内核（不包含 GNU 组件）的免费开放源代码的操作系统。Android 主要用于移动设备，如智能手机和平板电脑。第一部 Android 智能手机发布于 2008 年 10 月。Android 逐渐扩展到平板电脑及其他领域，如电视、数码相机、游戏机、智能手表等。2011 年第一季度，Android 在全球的市场份额首次超过诺基亚手机的塞班系统（塞班系统是塞班公司为手机而设计的操作系统，它的前身是英国宝意昂公司的操作系统），跃居全球第一。2013 年的第四季度，Android 平台手机的全球市场份额已经达到 78.1%。2013 年 9 月 24 日，Android 迎来了 5 岁生日，全世界采用这款系统的设备数量已经达到 10 亿台。

2020 年鲁大师数据中心发布了“2020 年 Android 手机市场占比”，其中国产品牌华为以 19.66% 的占比位居榜首，OPPO 则以 16.64% 的市场占比占据第二名。当下，国产品牌已经在 Android 市场占据了重要的份额，相信在未来能够继续保持。

2. 应用基础知识

开发者可以使用 Kotlin、Java 和 C++ 语言编写 Android 应用。Android SDK（Software Development Kit，软件开发工具包）会将你的代码连同数据和资源文件编译成一个 APK（Android Application Package，Android 应用程序包）文件，即带有 .apk 扩展名的归档文件。一个 APK 文件包含 Android 应用的所有内容，它也是 Android 设备用来安装应用的文件。

每个 Android 应用都处于各自的安全沙盒中，并受以下 Android 安全功能的保护。

（1）Android 操作系统是一种多用户 Linux 系统，其中每个应用都是一个不同的“用户”。

（2）每个进程都拥有自己的虚拟机，因此应用代码独立于其他应用而运行。

（3）默认情况下，每个应用都在自己的 Linux 进程内运行。

3. 开发 Android 程序需要的工具

（1）JDK。JDK 是 Java 语言的软件开发工具包，它包含 Java 的运行环境、工具集合、基础类库等内容。

（2）Android SDK。Android SDK 是 Android 开发工具包，在开发 Android 程序时，我们需要通过应用该工具包来使用 Android 的相关应用程序接口（Application Programming Interface，API）。

（3）Android Studio。Android Studio 是一款 Android 集成开发工具，基于 IntelliJ IDEA。类似 Eclipse ADT，Android Studio 可用于开发和调试。在 IDEA 的基础上，Android Studio 提供：基于 Gradle 的构建支持；Android 专属的重构和快速修复；提示工具以捕获性能、可用性、版本兼容性等相关问题；支持 ProGuard 和应用签名；基于模板生成常用的 Android 应用设计和组件；功能强大的布局编辑器，可以让用户拖曳 UI（User Interface，用户界面）控件并进行效果预览。

1.2.3 任务实施

步骤 01

安装 Android Studio 前我们需要先安装 JDK。但现在为了简化搭建开发环境的过程，Android Studio 将所有需要用到的工具都帮我们集成好了，我们只需要打开其官方网站下载相应版本的 Android Studio 即可。Android Studio 的下载页面如图 1-1 所示。

步骤 02

我们看到不同系统有不同的安装包，可以根据自己计算机的配置来选择对应的 Android Studio，如果计算机操作系统是 32 位的就选择 32 位版本，如果计算机操作系统是 64 位的就选择 64 位版本，单击链接下载相应的安装包或者压缩包。

步骤 03

下载完成后直接双击安装包，根据提示进行操作，如图 1-2 所示，一直单击“Next”按钮。

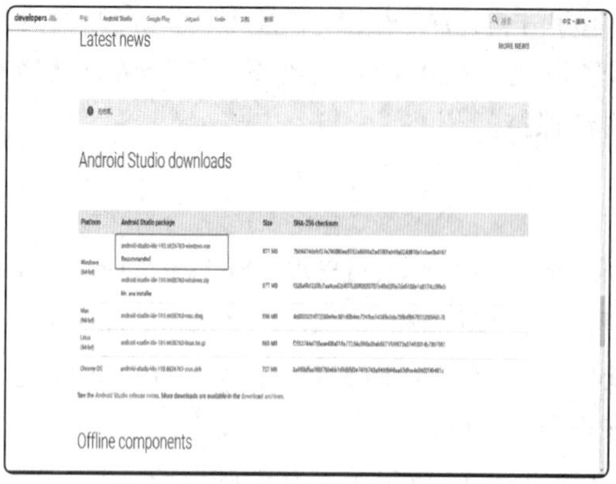

图 1-1　Android Studio 下载页面

图 1-2　安装

在下一个界面中可选择安装路径，如图 1-3 所示，建议安装在系统盘之外的磁盘中。

接下来导入相关配置，可选择导入已有文件（Config or installation folder）或者不导入（Do not import settings）。首次安装建议选择“Do not import settings”，如图 1-4 所示。

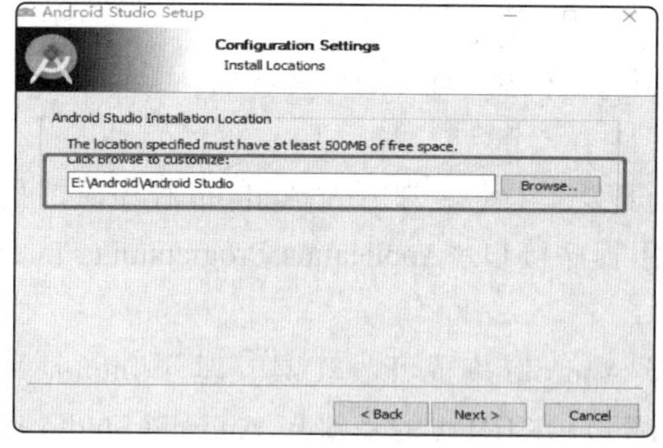

图 1-3　选择安装路径

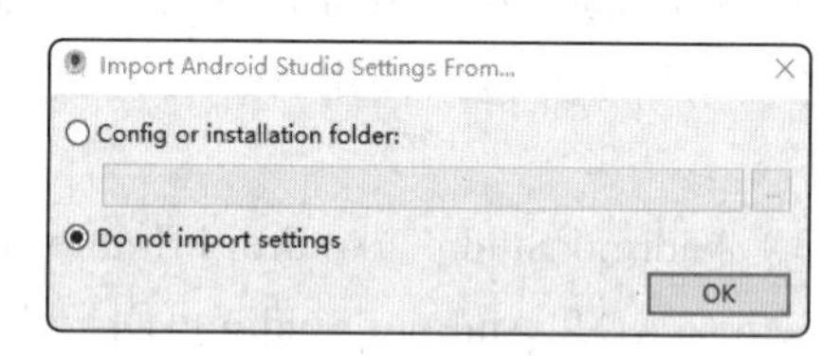

图 1-4　配置选择

接下来选择 Android Studio 安装类型，可以选择自定义（Custom）或标准（Standard）模式，这里选择“Standard”，如图 1-5 所示。

接下来可以根据喜好选择深色或浅色主题，如图 1-6 所示。

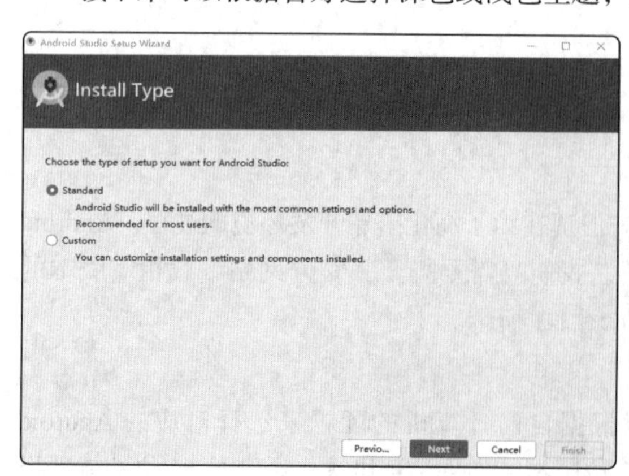

图 1-5　选择安装类型

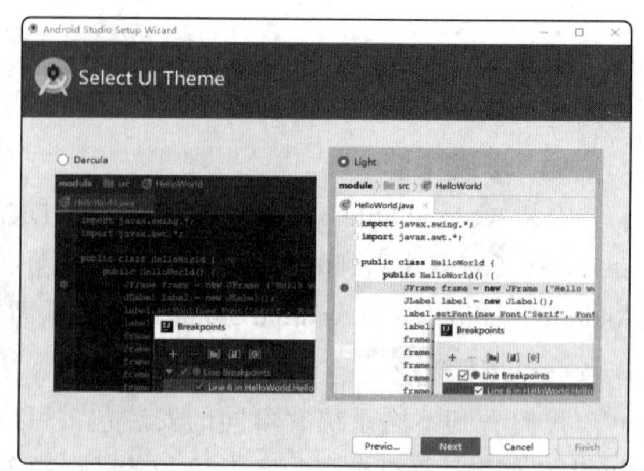

图 1-6　选择主题

下面安装程序将自动进行验证设置，验证完成后开始下载组件，直至组件下载完成，如图 1-7 所示。

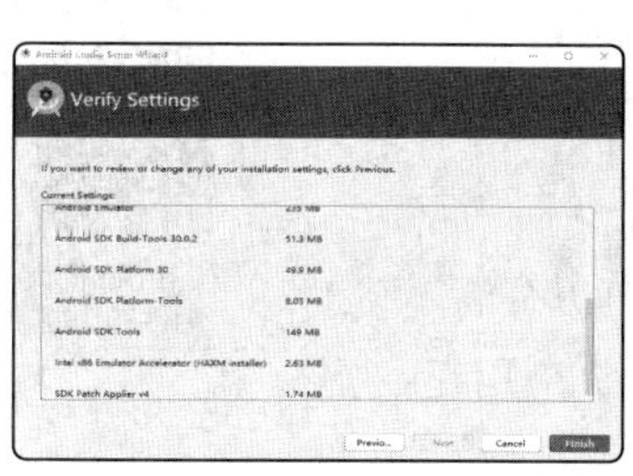

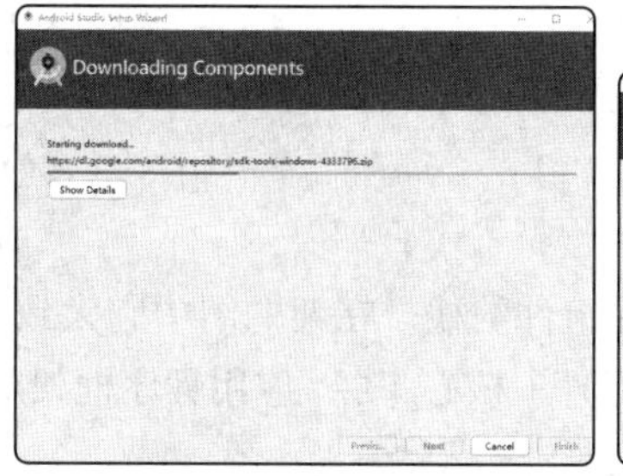

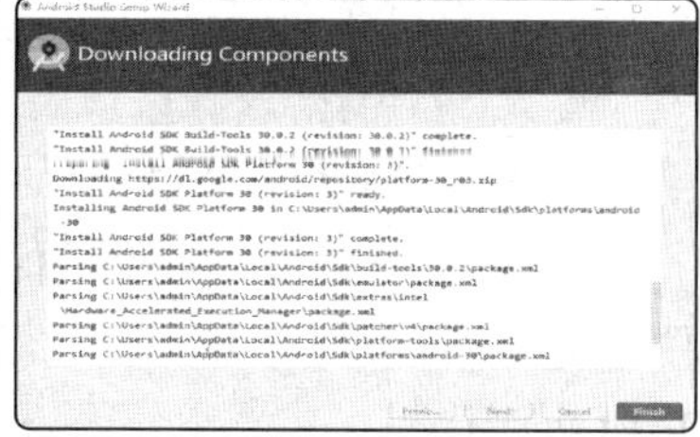

图 1-7　组件下载完成

完成后显示图 1-8 所示界面，说明 Android Studio 安装成功。

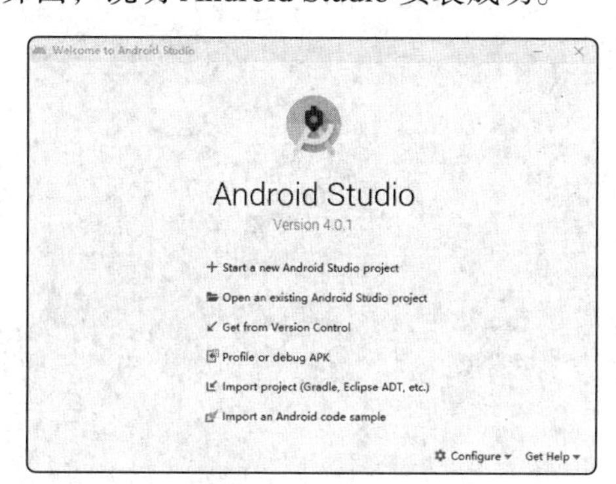

图 1-8　欢迎界面

1.2.4 扩展知识

1. Android 系统架构

Android 操作系统是一个软件组件的栈，在架构图中它大致可以分为 4 个主要层：Linux 内核层、Android 运行时 + 核心库层、应用程序框架层和应用程序层，如图 1-9 所示。

图 1-9　Android 系统架构图

（1）Linux 内核层。

Android 系统是基于 Linux 内核的，这一层为 Android 设备的各种硬件提供了底层的驱动等，如显示驱动、Wi-Fi 驱动、音频驱动、摄像头驱动、电源管理等。

（2）系统运行时 + 核心库层。

这一层通过一些 C/C++ 库为 Android 系统提供了主要特性支持。如 SQLite 数据库提供了对数据库的支持，OpenGL|ES 库提供了对 3D 绘图的支持，WebKit 提供了对浏览器内核的支持等。

（3）应用程序框架层。

这一层主要提供了构建应用程序时可能用到的各种 API，Android 自带的一些核心库应用就是使用这些 API 完成的，开发者可以使用这些 API 来构建自己的应用程序。该层简化了组件的重用：任何一个应用程序都可以发布它的功能块，任何其他的应用程序也都可以使用其所发布的功能块（不过得遵循框架的安全性）。同样，应用程序重用机制也使用户可以方便地替换程序组件。

（4）应用程序层。

所有安装在手机上的应用都是属于这一层的。Android 会和一系列核心应用程序包一起发布，这些应用程序包包括客户端、短消息程序、日历、地图、浏览器、联系人管理程序等。很多应用程序都是使用 Java 语言编写的。

2. Android 平台的特点

Android 平台用户数量能在短时间内激增与它所具有的特点分不开。从其架构的角度来看，Android 平台具有以下几个特点。

（1）开放性。

首先是 Android 源代码开放，使得每一个应用程序可以调用其内部的任何核心应用源代码；其次是平台开放，Android 平台不存在任何阻碍移动产业创新的专有权限制，任何联盟厂商都可以根据自己的需要自行定制基于 Android 操作系统的手机产品；再次是运营开放。这些显著的开放性可以使其拥有更多的开发者。

（2）应用程序平等。

在 Android 平台中，其内部的核心应用和第三方应用是完全平等的，用户能完全根据自己的喜好使用它们来定制手机服务系统。

（3）支持丰富的硬件。

（4）开发商众多。

3. Android 四大组件

Android 平台提供给开发商一个十分宽泛、自由的环境，因此不会受到各种条条框框的阻挠。要想开发出一个良好的 Android 程序，需要完成四大组件的应用。Android 系统四大组件分别是 Activity、Service、BroadcastReceiver 和 ContentProvider。

（1）Activity：一个 Activity 通常是一个可视化的用户界面。例如，一个 Activity 可能展现为一个用户能够选择的菜单项列表或者展现一些图片以及图片的标题。一个消息服务应用程序可能包括一个显示联系人列表的 Activity，一个编写信息的 Activity，以及其他一些查看信息和改动应用程序设置的 Activity。尽管这些 Activity 一起工作，共同组成了一个应用程序，但每个 Activity 都是相对独立的。每个 Activity 都是 Activity（Android.app.Activity）的子类。

一个应用程序可能仅仅包括一个 Activity，或者像上面提到的消息服务程序一样有多个 Activity。一个应用程序包括几个 Activity 以及各个 Activity 包含什么样的功能完全取决于应用程序的设计。通常每一个应用程序都包括一个在应用程序启动后第一个展现给用户的 Activity。在当前展现给用户的 Activity 中启动一个新的 Activity，能够实现从一个 Activity 转换到另外一个 Activity。

每一个 Activity 都会有一个用于绘制用户界面的窗体。通常这样一个窗体会填充整个屏幕，当然这个窗体也能够比屏幕小并漂浮在其他窗体之上。Activity 还能够使用一些额外的窗体，比如一个要求用户响应的弹出式对话框，或者是当用户在屏幕上选择一个条目后向用户展现一些重要信息的窗体。

（2）Service：Service 即 Android 系统的服务（不是一个线程，是主程序的一部分）。与 Activity 不同，它是不能与用户交互的，也不能自己启动，需要调用 Context.startService() 来启动，然后在后台运行，用户退出应用时，Service 进程并没有结束，它仍然会在后台运行。Service 没有用户界面，但它会在后台一直运行。比如，Service 可能在用户处理其他事情的时候播放背景音乐，或者从网络上获取数据，或者执行一些运算并把运算结果提供给 Activity 展示给用户。每一个 Service 都扩展自类 Service。

多媒体播放器播放音乐是应用 Service 的一个很好的样例。多媒体播放器程序可能含有一个或多个 Activity,用户通过这些 Activity 选择并播放音乐。然而,音乐播放并不需要 Activity 来处理,由于用户可能会希望音乐一直播放下去，即使退出了播放器去执行其他程序，为了让音乐一直播放，多媒体播放器 Activity 可能会启动一个 Service 在后台播放音乐。Android 系统会使音乐播放 Service 一直执行，即使在启动这个 Service 的 Activity 退出之后。

与 Activity 以及其他组件一样，Service 在应用程序进程的主线程中执行，所以它们不能堵塞其他组件或用户界面，通常需要为这些 Service 派生一个线程执行耗时的任务。

（3）BroadcastReceiver：BroadcastReceiver（广播接收器）用于异步接收广播。而接收广播主要有两大类：正常广播、有序广播。

正常广播（用 Context.sendBroadcast() 发送）全部都是异步的，能够在同一时刻被全部广播接收者接收到，消息传递的效率比较高，但缺点是广播接收者不能将处理结果传递给下一个接收者，而且无法终止广播的传播。

有序广播（用 Context.sendOrderedBroadcast() 发送）每次被发送到一个接收者。所谓有序，就是每一个接收者执行后能够传播到下一个接收者，也能够中止传播——不传播给其他接收者。而接收者执行的顺序能够通过匹配的意图过滤器里面的 Android:priority 属性来控制，当优先级相同的时候，接收者以任意的顺序执行。

广播接收器是一个专注于接收广播通知信息，并做出相应处理的组件。很多广播是源自系统代码的——通知时区改变、电池电量低、拍摄了一张照片或者用户改变了语言选项。应用程序也能够进行广播——通知其他应用程序一些数据下载完毕并处于可用状态。

（4）ContentProvider：ContentProvider（内容提供者）主要用于对外共享数据，也就是把应用中的数据共享给其他应用，其他应用能够通过 ContentProvider 对指定应用中的数据进行操作。ContentProvider 可分为系统提供的和自己定义的，系统提供的有联系人、图片等。

4. Android UI 设计

国内出品了很多基于 Android 开发的 UI，其中比较成功的有小米的 MIUI、OPPO 的 Color OS、阿里云 OS、华为的 EMUI。当前国产 Android 手机占据了国内的主要 Android 手机市场，其中最突出的华为手机具有很多自研的技术，比如麒麟处理器，这个处理器由华为旗下子公司深圳市海思半导体有限公司设计研发，最近几年麒麟处理器旗舰系列与高通骁龙处理器、苹果 A 系列处理器旗鼓相当，甚至在部分性能上还有优势。在这两年华为手机在拍照方面实力十分突出，尤其是华为 P 系列以及 Mate 系列多次夺得 DxOMark 智能手机排行榜第一名。华为手机信号比较好，这主要是因为华为本身业务范围就包括通信技术领域，比如建造基站等都是华为的主营业务。

近两年，华为开始搭建自己的操作系统——鸿蒙系统。鸿蒙系统是一款全新的面向全场景的分布式操作系统，可以创造一个虚拟的终端互联的世界，将人、设备、场景有机地联系在一起，让消费者在全场景生活中接触的多种智能终端实现极速发现、极速连接、硬件互助、资源共享。鸿蒙操作系统已经拥有与 Android、iOS 相匹敌的资本。随着鸿蒙 3.0 版本的发布，华为移动服务作为全球第三大移动生态愈发繁荣，进一步增强了我国移动开发技术。

1.2.5 任务小结

本次任务我们完成了 Android Studio 的安装。通过本次学习读者应该掌握 Android Studio 软件的安装方法。安装方式不止一种，读者可以自由尝试，保证项目正常运行即可。

1.3 任务 2——模拟器安装

1.3.1 任务描述

Android 应用的运行调试需要模拟器，可以选择 Android Studio 自带的模拟器，也可以使用第三方模拟器或真机。由于自带模拟器比较耗内存，这里我们选择第三方模拟器——雷电模拟器作为应用程序运行调试工具。下面我们学习雷电模拟器安装。

实施步骤如下。

（1）打开官网下载页面。

（2）下载与操作系统版本对应的雷电模拟器的安装包。

（3）运行安装程序。

（4）打开雷电模拟器。

1.3.2 相关知识

模拟器介绍

在做 Android 的 App 开发的时候由于机器配置不是特别高，而 Android 自带的模拟器非常耗资源，性能较差，这里我们选用第三方模拟器。目前常用的 6 款 Android 模拟器分别是雷电模拟器、夜神模拟器、MUMU 模拟器、逍遥模拟器、蓝叠模拟器和腾讯手游助手。每款模拟器安装方法类似，这里我们使用雷电模拟器。也可以使用真机，直接连接手机，手机打开开发者选项，打开 USB 调试，可直接运行程序。

雷电模拟器是我国自主研发的、采用世界先进的内核技术的 Android 模拟器，具有较快的运行速度和稳定的性能。

1.3.3 任务实施

◈ 步骤 01

打开雷电模拟器官网，下载并运行雷电模拟器安装程序，如图 1-10 所示。

◈ 步骤 02

安装界面如图 1-11 所示，可以选择“一键安装”或“自定义安装”。这里我们选择“自定义安装”，在选择安装路径后即可进行安装。

图 1-10　雷电模拟器下载界面

图 1-11　安装界面

◈ 步骤 03

安装完成，运行雷电模拟器，单击菜单，选择软件设置，如图 1-12 所示。选择性能设置，单击“手机版”，选择 720×1280，单击“保存设置”按钮，并立即重启，如图 1-13 所示。

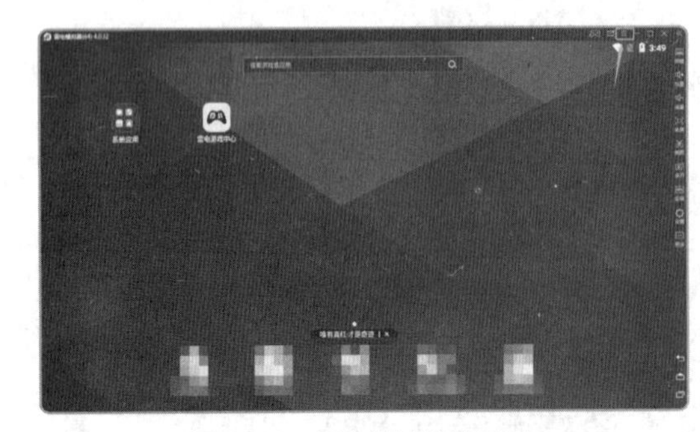

图 1-12　雷电模拟器主界面

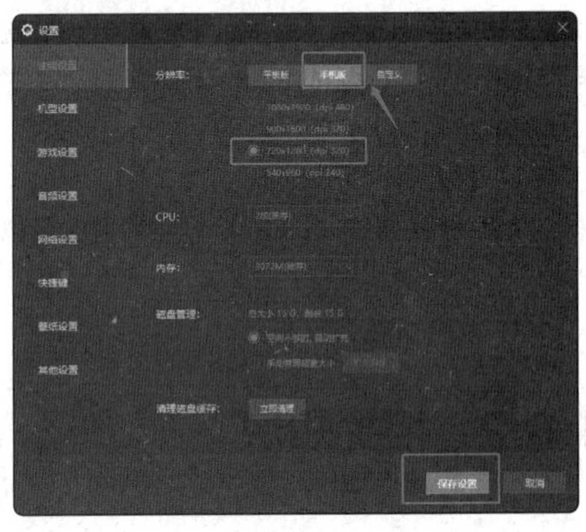

图 1-13　雷电模拟器设置界面

◈ 步骤 04

重新启动后如图 1-14 所示。

图 1-14　雷电模拟器主界面

学习笔记

1.3.4 扩展知识

调试技术

选用模拟器是为了方便开发人员在调试开发时查看程序运行效果，并且通过调试解决程序bug。以下是调试中会用到的 Toast 类和 Log 类的使用方法。

（1）Toast。

Toast 是在 AVD（Android Virtual Device，Android 运行的虚拟设备）上显示信息的一种机制。Toast 没有焦点，并且显示时间有限，通常可以用于在测试过程中弹出一些信息。Toast 提供了几种显示方式，通常使用的是最简单的：

```
Toast.makeText(getApplicationContext(),"test",Toast.LENGTH_SHORT).show();
```

该方法用于在当前界面上显示字符串信息，同时记录通过多线程弹出 Toast 信息的方式。

（2）Log。

Log 类可以在控制台输出日志信息，Log 类提供了以下静态方法：

```
Log.v();
Log.d();
Log.i();
Log.w();
Log.e();
```

分别对应 verbose、debug、info、warning 和 error，可记录并显示相关信息以用于程序调试。

1.3.5 任务小结

本任务我们完成了雷电模拟器的安装及基本配置。通过本任务学习，读者应了解 Android 模拟器的安装及使用。读者可自行尝试其他模拟器的安装及使用。

1.4 任务3——项目创建

1.4.1 任务描述

基本工具已安装完毕，接下来我们可以尝试创建项目并运行。一方面检测工具是否安装成功；另一方面见证App的形成过程。本任务将创建流动党员之家项目。

实施步骤如下。

（1）打开Android Studio。

（2）选择模板。

（3）输入包名。

（4）运行项目。

微课视频

Android 编码规范

1.4.2 相关知识

编码命名规则

规范Android代码命名，可以增强代码的可读性和可维护性，使得开发、维护效率得到大幅度的提高。华为技术有限公司是全球领先的ICT（信息与通信技术）基础设施和智能终端生产商，经过30多年发展，华为从代理产品起家到自主研发产品，业务遍及170多个国家和地区，支撑全球的制造和服务体系。截至2017年年底，华为累计专利授权74307件，其中90%以上为发明专利，完成了从跟跑者到领跑者的转变。尤其是5G技术更是作为全球标准制定者领先全球。本教材依据华为编码规范，常用编码规则如下。

（1）包的命名规则。

基础规则：小写、单词间连续无间隔、反域名法，第4级包名会随着功能的不同而不同，如com.systop.party.activity。

（2）类的命名规则。

基础规则：类名为名词或名词短语；采用大驼峰式命名法（Upper Camel Case），即名称中的每个词的首字母都大写，如AndroidStudio。

在具体命名类时，会根据该类的类型不同而附加额外的命名规则，如MainActivity。

（3）变量的命名规则。

基础规则：变量名为名词或名词短语；采用小驼峰式命名法（Lower Camel Case），即名称中的第1个词的首字母小写，后面每个词的首字母大写，如currentTabIndex。

（4）方法的命名规则。

基础规则：方法名为动词或动词短语；采用小驼峰式命名法，即名称中的第1个词的首字母小写，后面每个词的首字母大写，如onViewClicked。

（5）参数名的命名规则。

基础规则：采用小驼峰式命名法，即名称中的第 1 个词的首字母小写，后面每个词的首字母大写，如 keyCode。

附加命名规则：功能名，如 loginEdtPhone。

华为编码规范是华为公司为规范软件开发人员的代码编写习惯提供的参考依据和统一标准，这也是软件开发人员需要遵守的职业准则和规范。

1.4.3 任务实施

步骤 01

双击打开 Android Studio，单击“Start a new Android Studio project”，新建一个 Android 项目，如图 1-15 所示。

步骤 02

选择模板，这里我们选择“Empty Activity”，如图 1-16 所示。其他模板可自由尝试。

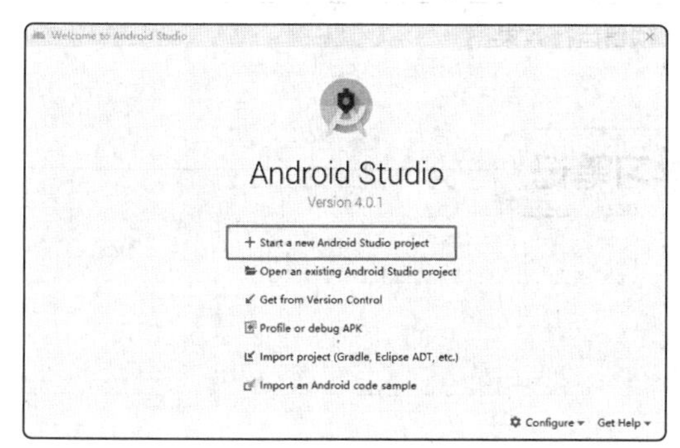

图 1-15　Android Studio 欢迎界面

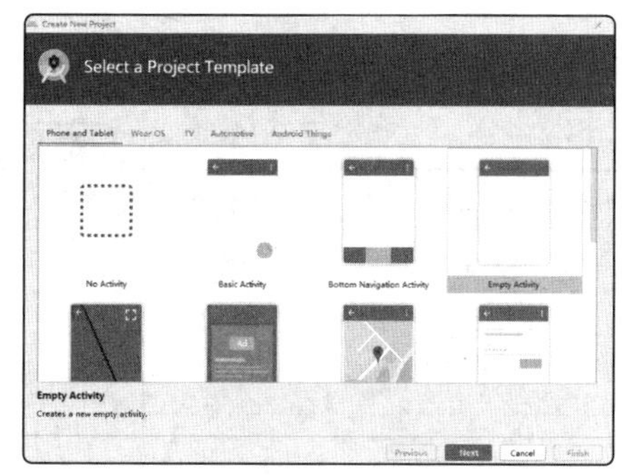

图 1-16　模板选择

步骤 03

创建项目名为 Party、包名为 com.systop.party 的项目（Android 系统就是通过包名来区分不同应用程序的，因此包名一定要具有唯一性）。语言选择 Java。单击“Finish”按钮，并耐心等待一会儿，项目就会创建成功，如图 1-17 所示。

项目新建成功，初始界面如图 1-18 所示。

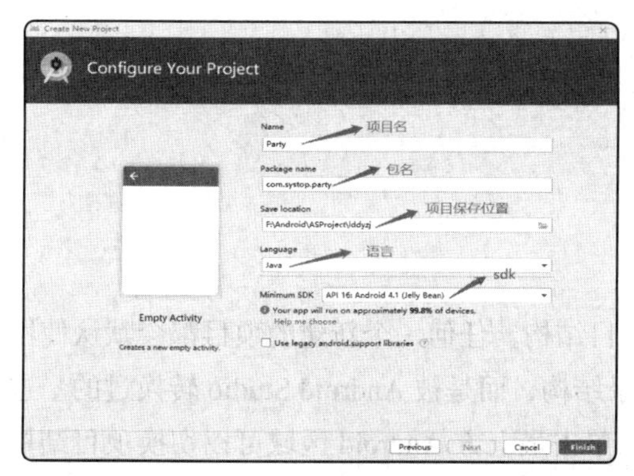

图 1-17　配置项目

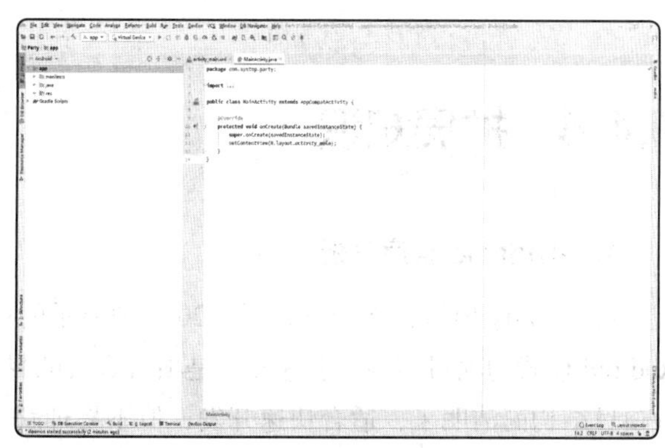

图 1-18　项目初始界面

◈ 步骤 04

单击绿色运行按钮并运行，如图 1-19 所示。

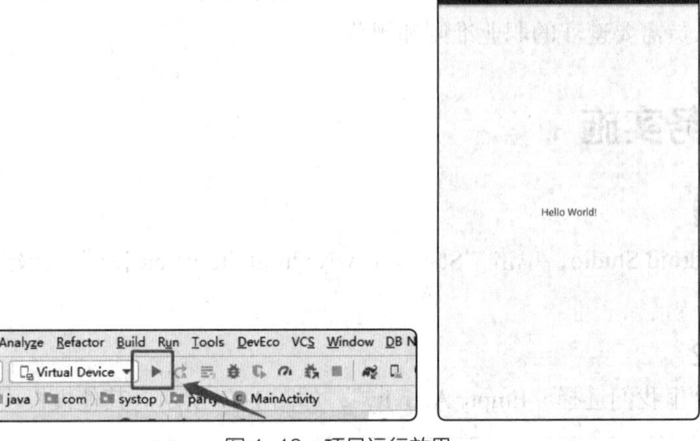

图 1-19　项目运行效果

1.4.4　扩展知识

1. Android 程序分析

展开 Party 项目，你会看到图 1-20 左图所示的项目结构。任何一个新建的项目都会默认使用 Android 模式的项目结构，但这并不是项目真实的目录结构，而是被 Android Studio 转换过的。这种项目结构简洁明了，适合快速开发，但不易理解。单击最上方 Android 区域可以切换项目结构模式，如图 1-20 右图所示。

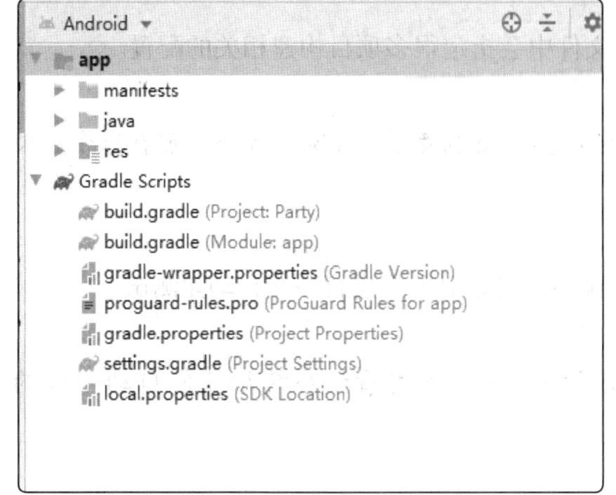

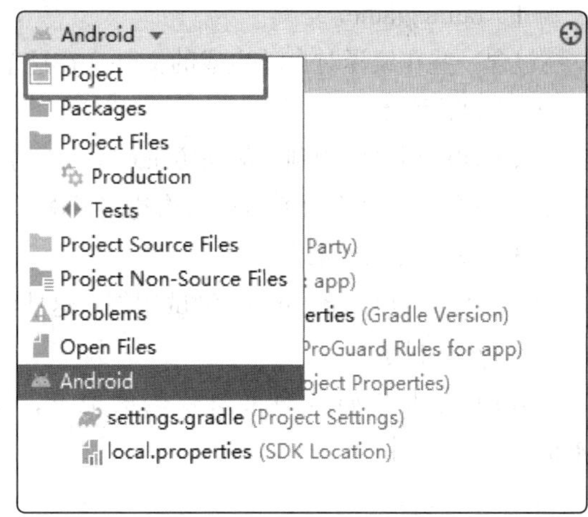

图 1-20　项目结构和模式切换

下面讲解 Android 模式目录下比较重要的文件以及功能。

（1）app。

项目中的代码、资源内容都放置在这个目录下，后面的开发工作也基本是在这个目录下进行的。

（2）build.gradle。

项目全局和 app 模块的 gradle 构建脚本。

（3）gradle-warpper.properties。

包含 gradle 版本信息的文件。

（4）gradle.properties。

包含 gradle wrapper 的配置文件。

（5）settings.gradle。

指定项目中所有引入的模块。

（6）local.properties。

指定本机中的 Android SDK 路径。

图 1-21 展示了 app 文件夹下的文件。

图 1-21　app 文件夹结构

下面讲解 app 目录下包含的主要文件及目录的功能。

（1）build.gradle。

包含一些在编译时自动生成的文件。在这个文件中会指定很多项目构建相关的配置。

（2）libs 目录。

如果你的项目使用到了第三方 jar 包，就需要把这些 jar 包都放在 libs 目录下，放在这个目录下的 jar 包会被自动添加到项目的构建路径里。

（3）androidTest 目录。

此处用来存放 androidTest 测试用例，这些测试用例可以对项目进行一些自动化测试。

（4）java 目录。

java 目录是放置所有 Java 代码的地方，展开该目录，你将看到系统帮我们自动生成的 MainActivity 文件。

（5）res 目录。

在项目中使用到的所有图片、布局、字符串等资源都要存放在这个目录下。其中图片放在 drawable 目录下，布局放在 layout 目录下，字符串放在 values 目录下。

（6）AndroidManifest.xml。

这是整个 Android 项目的配置文件，程序中定义的四大组件都需要在这个文件里注册，另外还可以在这个文件中给应用程序添加权限声明。

（7）test 目录。

此处是用来存放单元测试的测试用例的，单元测试是对项目进行自动化测试的一种方式。

（8）.gitignore。

这个文件用于将 App 模块内指定的目录或文件排除在版本控制之外。

（9）proguard-rules.pro。

指定项目代码的混淆规则，当代码开发完成后打包成安装包文件，如果不希望代码被别人破解，通常会将代码进行混淆。

2. 项目运行原理

（1）打开 AndroidManifest.xml，找到图 1-22 所示代码。

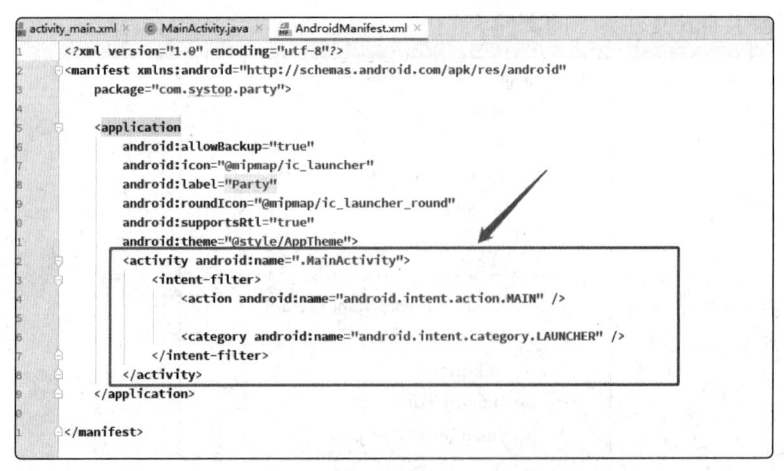

图 1-22　AndroidManifest.xml

AndroidManifest 是应用清单的意思，每个应用的根目录中都必须包含一个，并且文件名必须一模一样。这个文件中包含 App 的配置信息，系统需要根据里面的内容运行 App 的代码，显示界面。其主要元素为 <manifest> 元素。

所有的 AndroidManifest.xml 文件中都必须包含 <manifest> 元素。这是文件的根节点。<manifest> 元素必须要包含 <application> 元素，并且指明 xmlns:android 和 package 属性。

<manifest> 元素中的属性如下。

xmlns:android：这个属性定义了 Android 命名空间。必须设置成"http://schemas.android.com/apk/res/android"，不要手动修改。

package：其值是一个完整的 Java 语言风格包名。包名由英文字母（大小写均可）、数字和下画线组成。每个独立的部分必须以字母开头。

构建 APK 文件的时候，构建系统使用这个属性做了如下两件事。

① 生成 R.java 类时用这个名字作为命名空间（用于访问 App 的资源）。比如 package 被设置成 com.sample.teapot，那么生成的 R 类就是 com.sample.teapot.R。

② 用来生成在 AndroidManifest.xml 文件中定义的类的完整类名。比如 package 被设置成 com.sample.teapot，并且 <activity> 元素被声明成 activity android:name=".MainActivity"，所定义的类的完整的类名就是 com.sample.teapot.MainActivity。

包名也代表着唯一的 application ID，用来发布应用。但是，要注意的一点是，在 APK 构建过程的最后一步，包名会被 build.gradle 文件中的 applicationId 属性取代。如果这两个属性值一样，那么万事大吉，如果不一样，那就要小心了。

android:versionCode：内部的版本号，用来表明哪个版本更新。这个数字不会显示给用户，显示给用户的是 versionName。这个数字必须是整数，不能用十六进制，也就是说不接受 "0x1" 这种形式的参数。

android:versionName：显示给用户看的版本号。

android:label：这是一个用户可读的标签，以及所有组件的默认标签。子组件可以用它们的 label 属性定义自己的标签，如果没有定义，就用这个标签。

标签必须设置成一个字符串资源的引用。这样它们就能和其他东西一样被定位，比如 @string/app_name。当然，为了开发方便，你也可以定义一个原始字符串。

android:theme：该属性定义了应用使用的主题，它是一个指向 style 资源的引用。各个 Activity 也可以用自己的 theme 属性设置自己的主题。

android:name：Application 子类的全名，包括前面的路径，如 com.sample.teapot.TeapotApplication。当应用启动时，这个类的实例被第一个创建。这个属性是可选的，大多数 App 都不需要这个属性。在没有这个属性的时候，Android 会启动一个 Application 类的实例。

（2）打开 MainActivity.java，如图 1-23 所示。

可以看到 MainActivity 是继承 AppCompatActivity 的，Activity 类是 Android 系统提供的一个基类，我们项目中所有自定义的 Activity 都必须继承它或者它的子类才能拥有 Activity 的特性（AppCompatActivity 是 Activity 的子类）。然后可以看到 onCreate() 方法，这个方法是 Activity 被创建时必定要执行的方法。Android 程序的设计讲究逻辑和视图分离，在布局文件中编写界面，然后在 Activity 中将布局文件引入。setContentView() 方法就是给当前 Activity 引入了名为"activity_main"的布局文件。

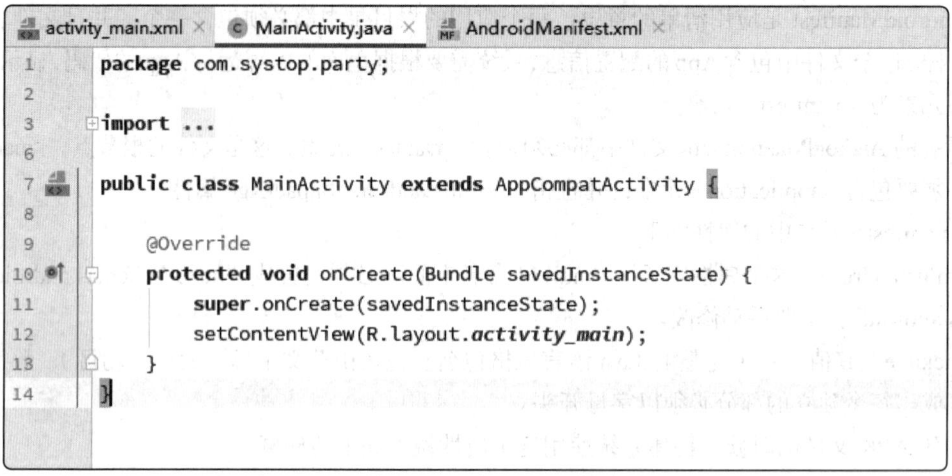

```java
package com.systop.party;

import ...

public class MainActivity extends AppCompatActivity {

    @Override
    protected void onCreate(Bundle savedInstanceState) {
        super.onCreate(savedInstanceState);
        setContentView(R.layout.activity_main);
    }
}
```

图 1-23　MainActivity 文件

（3）打开 res/layout/activity_main.xml，将 Android Studio 切换为 Split 视图，如图 1-24 所示。

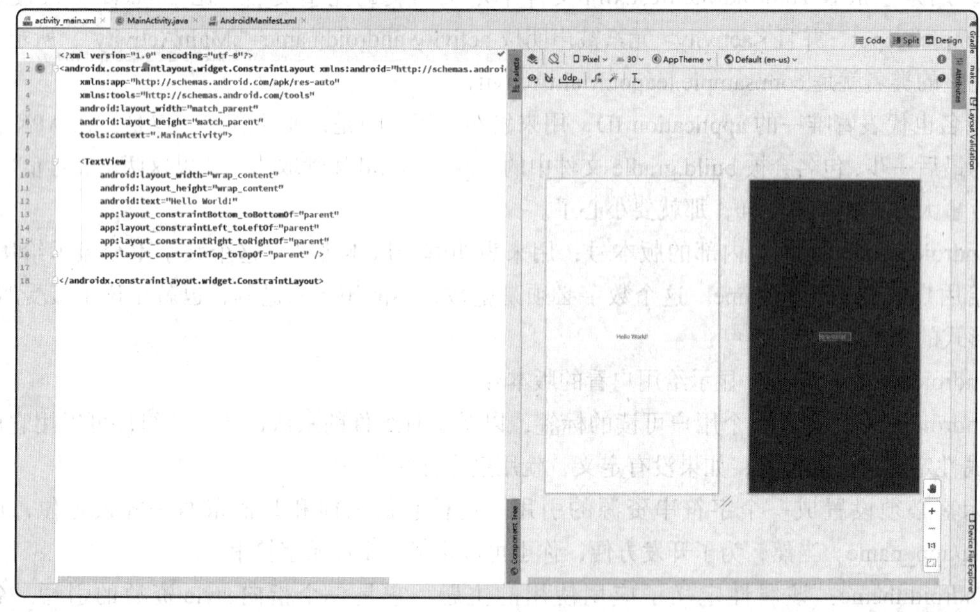

图 1-24　修改界面编辑模式

layout 就是布局，所以 activity_main.xml 其实就是一个布局文件。它代表 MainActivity 所对应的布局文件，我们可以将 Activity 理解为一个程序界面，而这个布局文件就是这个程序界面的显示部分。我们可以在这个布局文件中定义布局框架、添加控件、设置属性等，完成项目界面的显示。

3. Android Gradle 插件加速应用构建

Gradle 是一个工具，用于构建项目，在 Android Studio 的项目目录中体现在帮我们把 Android 项目中的 Java 源码文件、资源文件、依赖包、普通配置文件等，经过一系列步骤，最终生成一个或者多个 APK 文件。有了 APK 文件之后，App 才能到应用市场去发布。Gradle 也可以看作是一个编程框架。项目构建工具除了 Gradle 之外，还有 Ant、Maven 等，只不过很少使用。

图 1-25 所示是 Gradle 全局范围的构建配置。

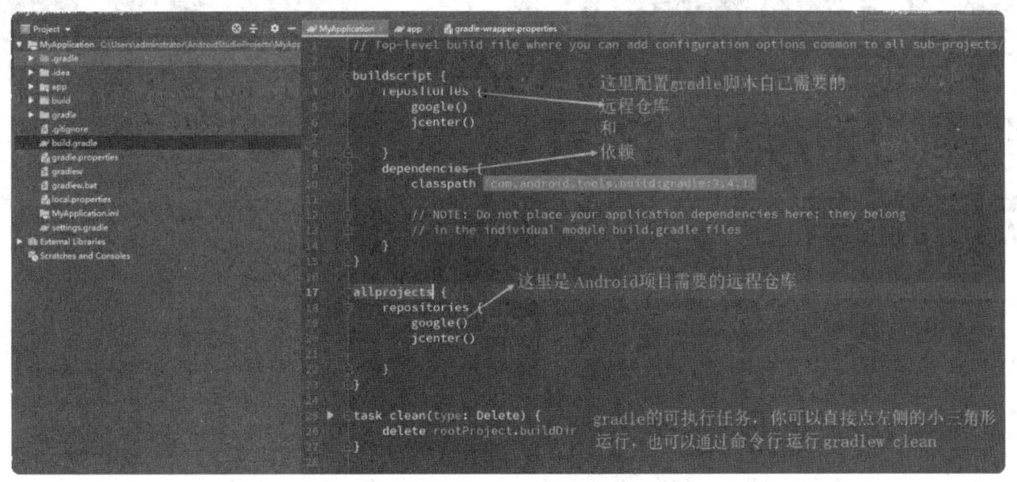

图 1-25　Gradle 全局范围的构建配置

Gradle 配置缓存过程如下。

当 Gradle 开始构建时会创建一个任务图用于执行构建操作。我们称这个过程为配置阶段（Configuration Phase），它通常会持续几秒到数十秒。Gradle 配置缓存可以将配置阶段的输出进行缓存，并且在后续构建中复用这些缓存。当配置缓存启用，Gradle 会并行执行所有需要构建的任务，再加上依赖解析的结果也被缓存，整个 Gradle 构建的过程变得更加快速。

在构建过程中，构建设置决定了构建阶段的结果。所以配置缓存会将诸如 gradle.properties、构建文件等输入捕获，放入缓存中。这些内容同请求构建的任务一起，唯一确定了在构建中要执行的任务。当所有任务都配置完成后，Gradle 可以根据我们的配置计算出最终的任务执行图。随后配置缓存会将这个任务执行图缓存起来，并将各个任务的执行状态进行序列化，再放入缓存中。通过配置缓存，可以较快地加速项目配置时间。

1.4.5　任务小结

本任务我们完成了新项目的创建及运行。通过本任务学习，读者应熟练掌握项目的创建。读者可自由尝试不同模板项目的创建。

1.5　单元小结

本学习单元讲解了 Android 系统架构，重点介绍了四大组件的功能与作用，帮助读者了解 Android 开发的基本流程，通过创建项目，分析了 Android 项目目录，希望读者通过实际创建项目，对照书本内容，加深对项目开发的理解。

学习单元02 创建流动党员之家项目准备

2.1 单元概述

本学习单元将正式开始编写流动党员之家 App，向大家详细地介绍如何安装插件，如何编辑布局文件、Android 基本控件，如何编写公共基础页，如何添加工具类，如何添加相关资源等，为完整项目开发做准备。通过了解开发流动党员之家 App 的流程，读者会加深对党建工作的重要性的认识，为中国特色社会主义现代化建设贡献自己的力量。

表2-1　工作任务单

任务名称	Android 项目开发实践	任务编号	02
子任务名称	完成项目开发准备	完成时间	60min
任务描述	完成项目开发前的准备。选择要用的框架，创建基础类		
任务要求	安装插件 创建 Base Activity 创建自定义 Application		
任务环境	Android Studio 开发工具、雷电模拟器		
任务重点	做好框架选择，添加依赖，创建清晰项目目录，纵观整个项目创建基础类，修改应用主题		
任务准备	创建完成的 Party 项目		
任务工作流程	选择要使用的框架，安装相关插件，添加相关依赖，完成项目适配，创建项目目录，创建基础类，修改应用主题		
任务评价标准	插件能否正常使用 新建基础类后，项目能否正常运行 修改主题后，查看效果是否正常		
知识链接	1. 项目类型 2. 项目简介 3. 常用插件 4. 面向对象语言的三大特征 5. Android 访问修饰符 6. Android 六大布局 7. Android 基本控件 8. 图形基础 9. Android 样式 style 和主题 theme 10. Android 常用设计模式 11. Android 折叠屏适配		

2.1.1 知识目标

（1）了解如何安装插件。

（2）了解插件 ScreenMatch 的使用。

（3）了解 Activity 的创建。

（4）了解基本布局和控件。

（5）了解 Application。

2.1.2 技能目标

（1）掌握 Activity 的创建。

（2）掌握如何编辑布局文件。

（3）掌握如何编辑 Activity。

（4）掌握 Android 基本控件的使用。

2.2 任务 1——安装插件

2.2.1 任务描述

Android 是一种基于 Linux 内核开放源代码的操作系统，很多优秀的开发者会为它写一些开源库。项目开发中我们一般会选用一些第三方依赖库，这些依赖库使我们开发更加快捷。这里我们先添加几个我们必然要用到的依赖库：快速初始化控件 Android ButterKnife Zelezny、JSON 解析工具 GsonFormat、屏幕适配工具 ScreenMatch、网络请求 OkHttpUtils 依赖库。有的依赖库有对应插件，我们可以更高效地使用它们。

此任务将学习 Android ButterKnife Zelezny、GsonFormat、ScreenMatch 等插件的安装；Android ButterKnife Zelezny、GsonFormat、OkHttpUtils 等相关依赖库的添加；使用 ScreenMatch 完成项目的屏幕适配功能；创建不同包，形成清晰的项目目录结构。

实施步骤如下。

（1）打开设置界面。

（2）安装 Android ButterKnife Zelezny、GsonFormat、ScreenMatch 插件，并重启 Android Studio。

（3）添加 Android ButterKnife Zelezny、GsonFormat、OkHttpUtils 等相关依赖库。

（4）使用 ScreenMatch 进行项目的屏幕适配。

（5）创建项目目录结构。

2.2.2 相关知识

1. 项目类型

目前开发的主流项目类型包括：电商类、视频类、金融类、智能软件类，以及针对各个行业本身业务进行的符合本行业工作流程以及规范的定制化开发等。针对上述主流项目类型，一些常用的功能模块包括：支付、分享、指纹和人脸识别、推送、语音、即时通信、视频、短视频播放等。这些常用的功能模块在我们开发 App 过程中，需要我们可以熟练地使用。

2. 项目简介

流动党员之家是为流动党员开发的一款 App，党员提交注册并经后台处理后，才可以登录进入首页。由于我们介绍的是 Android 开发的基本知识，所以只挑选了主界面、注册页、登录页、个人中心页、党建活动页、首页、启动页等进行介绍。其中知识点如下。

（1）控件：TabLayout、ViewPager、Fragment、TextView、EditText、ListView、ImageView、WebView。

（2）第三方控件：SmartRefreshLayout、CircleImageView。

（3）网络请求：OkHttpUtils。

（4）存储：SharedPreferences。

（5）图片加载：Glide。

（6）其他：验证码获取倒计时、轮播图、矢量图片、动态权限申请、获取设备码。

希望通过开发流动党员之家 App，让大家清楚 Android 项目的开发流程与技术，同时意识到党员学习的重要性，学习党史，关注时事，为中国特色社会主义现代化建设贡献自己的力量。

2.2.3 任务实施

◈ 步骤 01

打开 Android Studio，单击左上角菜单栏的“File”，选择“Settings”，如图 2-1 所示。

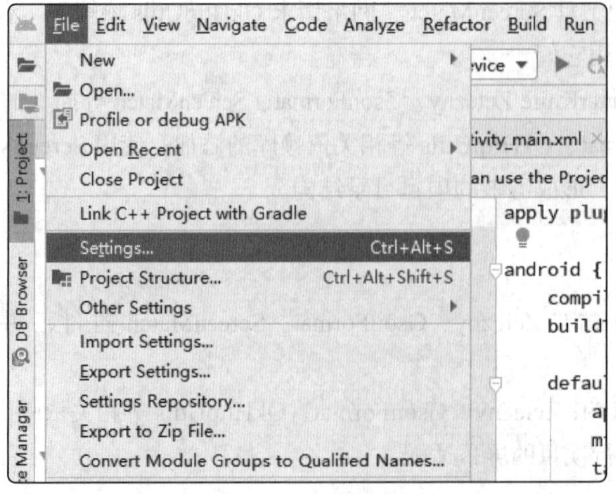

图 2-1　打开设置界面

◈ 步骤 02

选择“Plugins”，再选择“Marketplace”，分别搜索 Android ButterKnife Zelezny、GsonFormat、ScreenMatch 这 3 个插件，单击安装，安装完成需要重启 Android Studio，如图 2-2 所示。

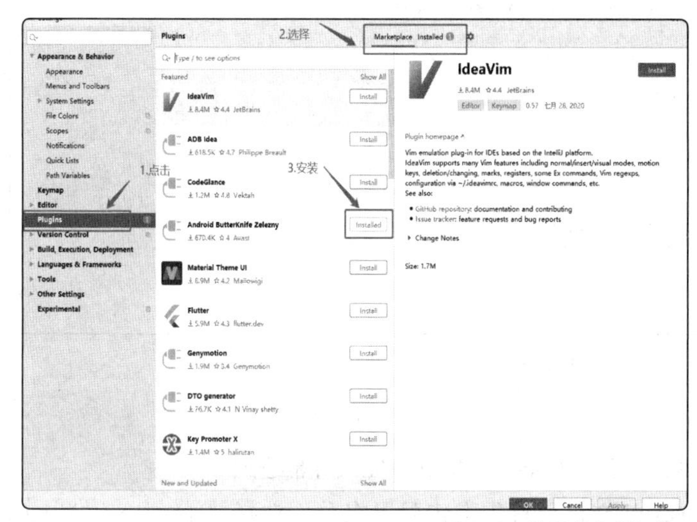

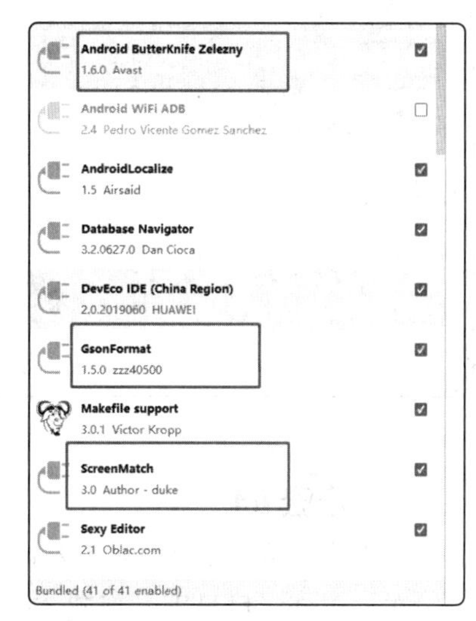

图 2-2　选择并安装插件

◈ 步骤 03

打开 build.gradle(Module:app)，添加 Android ButterKnife Zelezny 相关依赖库、OkHttpUtils 依赖库、Gson Format 相关依赖库，然后单击 Sync Now，同步项目。Android ButterKnife Ielezny 相关依赖库用于绑定控件；OkHttpUtils 依赖库用于网络请求；Gson Format 相关依赖库用于解析 JSON 数据，如图 2-3 所示。

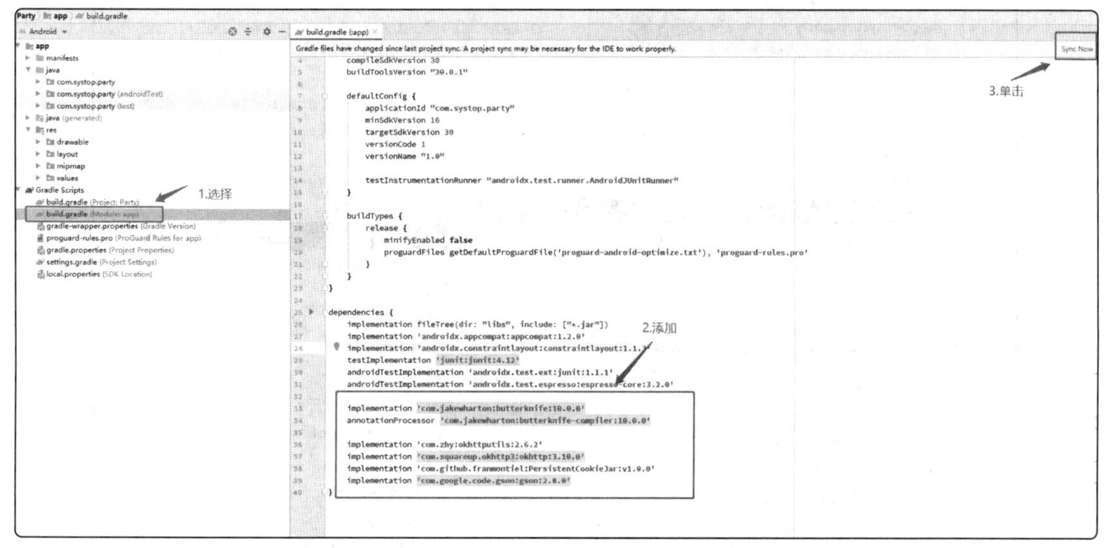

图 2-3　添加依赖库

使用 OkHttpUtils 还需在 build.gradle(Project:Party) 中添加 maven { url 'https://jitpack.io' } 这句代码，如图 2-4 所示。

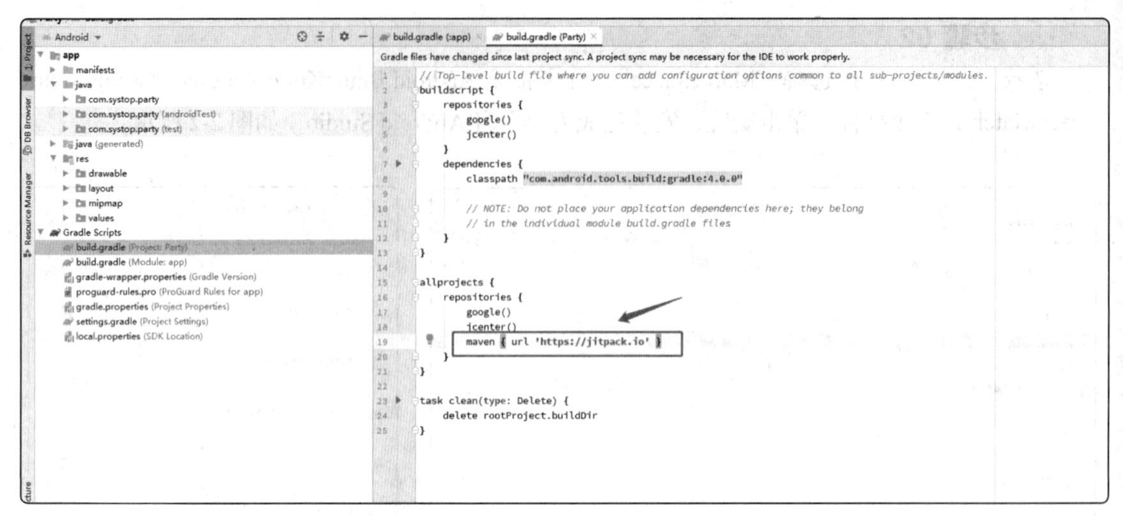

图 2-4　添加相关配置

◈ 步骤 04

常用依赖库已添加完毕。接下来我们将学习 ScreenMatch，完成屏幕适配。

在 res\value 目录下，新建 dimens.xml 文件。首先右击目录名称，选择“New”→“Values Resource File”，如图 2-5 所示。之后将文件命名为 dimens，如图 2-6 所示。最后复制 screen_match_example_dimens.xml 文件内容到新建的 dimens.xml 文件中。

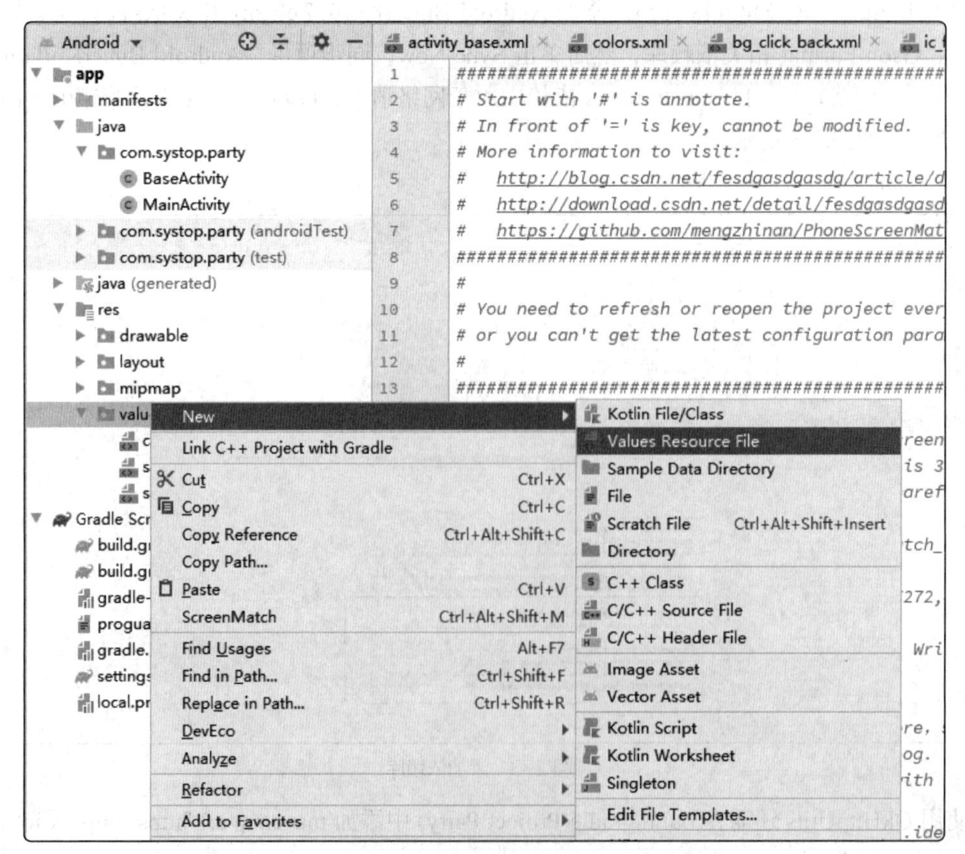

图 2-5　右击目录名称新建 Values Resource File

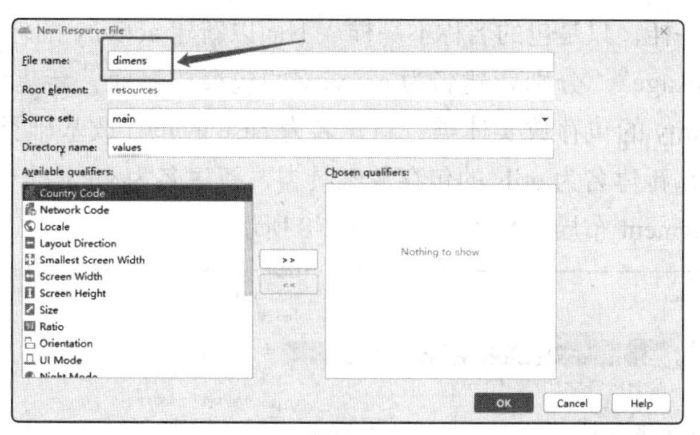

图 2-6 新建 dimens.xml

右击任意目录，选择“ScreenMatch”，选择适配模块，单击“OK”按钮，等待自动生成资源文件，完成适配。所做操作如图 2-7 所示。

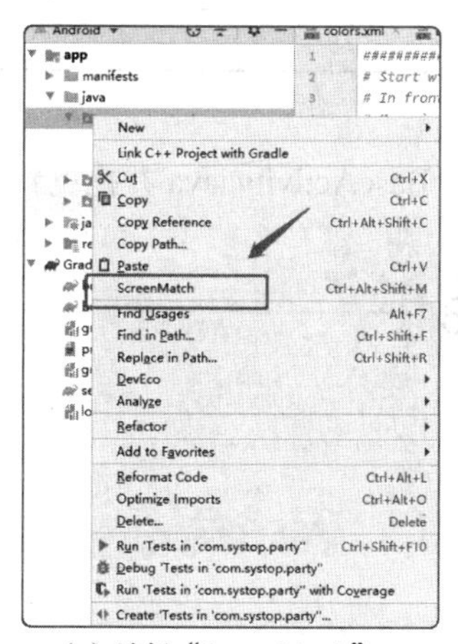

（a）选择“ScreenMatch”

（b）选择适配模块

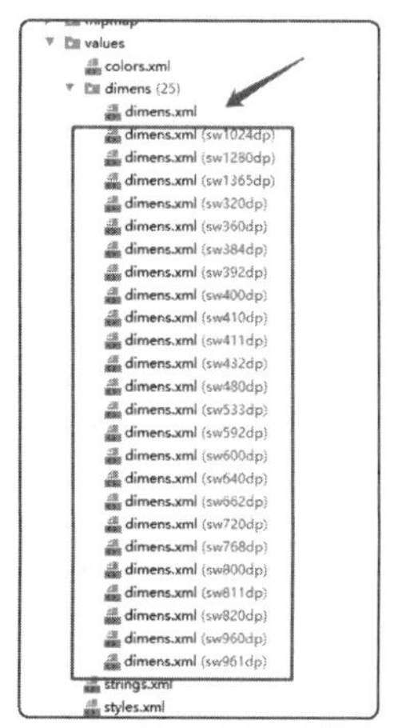

（c）适配完成，显示文件

图 2-7 选择适配项目

◈ 步骤 05

创建项目目录结构。清晰的项目目录结构，可使开发更加便捷。我们这里提供一种按照组件类别分类的方式。你可以根据项目需要或自己的习惯建包，创建清晰的项目目录结构。

新建包的方式均一样，只是包的名称不一样。下面以新建 activity 的包为例介绍。右击包名，选择“New”→“Package”，分别新建名为 activity 的包存放界面，新建名为 adapter 的包存放适配器，新建名为 entity 的包存放实体类，新建名为 base 的包存放基础类，新建名为 http 的包存放网络请求相关类，新建名为 utils 的包存放工具类，新建名为 view 的包存放控件，新建名为 fragment 的包存放 Fragment 布局。具体操作如图 2-8 所示。

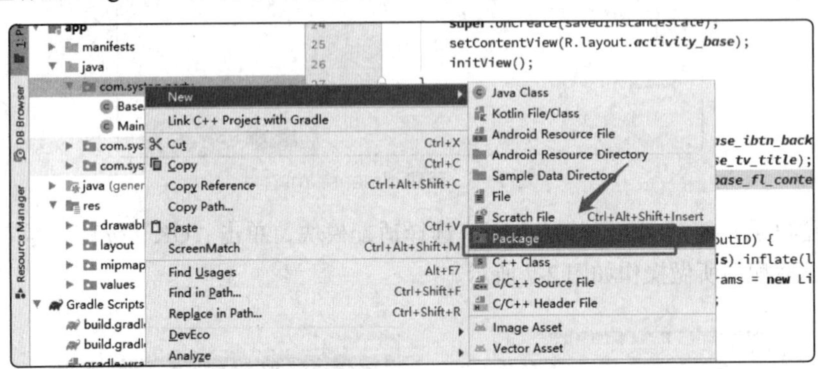

图 2-8　新建包

选中 MainActivity.java 并拖曳到 activity 包里。选中 BaseActivity.java 并拖曳到 base 包里。

2.2.4 扩展知识

常用插件

（1）Java 代码约束插件

插件名称：Alibaba Java Coding Guidelines。

插件简介：这是阿里巴巴集团开发的一款代码约束插件，当我们的代码不符合规范时，会有相应的警告提示，能够帮助我们在开发中提升代码质量。

插件文档：安装成功后重启，插件在预览 Java 类时发现不规范的地方会有黄色的警告提示。

（2）Drawable 预览插件

插件名称：Android Drawable Preview。

插件简介：这是一款在 Android Studio 上预览图片资源缩略图的插件，能帮我们快速定位欲查找的图片的位置，除此之外还支持显示 XML 文件资源的缩略图。

插件文档：安装成功后重启 Android Studio，即可通过 drawable 或者 mipmap 文件夹预览图片。

（3）JSON 转 JavaBean 插件

插件名称：GsonFormat。

插件简介：这是一款能够帮助我们将后台返回的 JSON 数据转换成 JavaBean 数据的插件，可极大提升我们调试接口的效率及准确度。

插件文档：在 Bean 类中右击，选择“Generate”→“GsonFormat”，输入后台返回的 JSON 数据即可将 JSON 数据转换成 JavaBean 数据。

（4）Parcelable 序列化插件

插件名称：Android Parcelable code generator。

插件简介：在日常开发中，我们不可避免要对 Bean 类进行序列化，而序列化的方式有两种——一种是实现 Serializable 接口，实现方式比较简单但是比较耗性能；另外一种是实现 Parcelable 接口，它比 Serializable 性能更好，但是实现过程比较麻烦。这时这款插件发挥的作用就恰到好处了，它能够帮我们简化烦琐的实现过程。

插件文档：在 JavaBean 类的代码中右击，选择“Generate”→“Parcelable”，然后选择需要序列化的字段即可。

（5）远程仓库依赖插件

插件名称：GoogleLibraryVersionQuerier。

插件简介：这是一款能快速添加远程依赖库和查询依赖库历史版本的插件。

插件文档：在 Gradle 中输入想要添加的仓库名称即可添加对应的依赖库，右击选择“Query Available Versions”可查询这个依赖库的历史版本。

（6）JSON 格式化插件

插件名称：JsonViewer。

插件简介：当日志输出的 JSON 文本没有经过格式化的时候，我们审查起来会非常困难，这时可以利用这款插件对 JSON 文本进行格式化，相比我们去某些网站格式化 JSON 文本，这种方式极大提高了我们的效率。

插件文档：不需要任何快捷键，只需要在 Android Studio 窗口最右边找到“Json Viewer”选项，单击即可。

2.2.5 任务小结

本次任务我们完成了常用插件的安装和目录结构的创建。通过本次学习，读者应熟练掌握插件的安装。

2.3 任务 2——创建 BaseActivity

2.3.1 任务描述

准备工作已完成，接下来我们正式开始编码工作。面向对象语言有三大特征：封装、继承、多态。其中，继承解决代码复用问题，具有共同的属性或行为的类可以通过继承节省代码。这里我们使用继承抽取基础类。

基础类包含标题栏、显示提示方法、返回键方法。标题栏包含返回按钮、标题。

通过本任务的学习，我们应该掌握 Activity 的创建、布局搭建、控件声明、Toast 的使用，以及导包方式等。

实施步骤如下。

（1）新建 BaseActivity。

（2）编辑 activity_base.xml，添加返回按钮、标题。

（3）编辑 BaseActivity，声明控件，添加返回键方法、显示提示方法。

（4）修改 MainActivity，使它继承 BaseActivity。

（5）运行项目。

通过以上实施步骤，任务完成效果如图 2-9 所示。

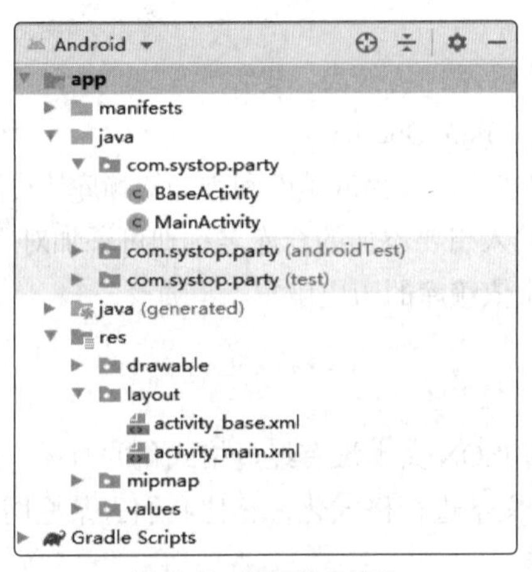

图 2-9 任务完成效果

2.3.2 相关知识

1. 面向对象语言的三大特征

面向对象语言的三大特征是：封装、继承、多态。

（1）封装

封装是面向对象编程的核心思想，是将描述某种实体的数据和基于这些数据的操作集合到一起，形成一个封装体。封装的思想保证了类内部数据结构的完整性，使用户无法轻易直接操作类的内部数据，这样可降低对内部数据的影响，提高程序的安全性和可维护性。

封装的好处：只能通过规定方法访问数据；隐藏类的实现细节；方便修改；方便加入属性控制语句。

封装的使用：修改属性的可见性，将它们的访问授权设为 private；创建共有的 getter/setter 方法，可用于属性的读写；在 getter/setter 方法中加入属性控制语句，可以对属性值的合法性进行判断。

（2）继承

继承是 Java 面向对象编程技术的基石，因为它允许创建划分等级层次的类。

继承就是子类继承父类的特征和行为，使得子类对象（实例）具有父类实例的特征和方法，或子类从父类继承方法，使得子类具有父类相同的行为。

特点：继承鼓励类的重用；继承可以多层继承；一个类只能继承一个父类；父类中 private 修饰的成员不能被继承；构造方法不能被继承。

（3）多态

同一个操作，作用于不同的对象，会产生不同的结果，这就是多态。多态的好处是灵活和解耦合。多态，即要求我们面向接口编程。不同对象，相同接口，但因为多态，会有不同表现。

2. Android 访问修饰符

访问修饰符的访问权限顺序：public > protected > default > private。

public 修饰的成员能被所有的类（接口、成员）访问。

protected 修饰的成员只能被本类、同一个包中的类访问；如果在其他包中被访问，则必须是该成员所属类的子类。

private 修饰的成员变量和方法都只能在定义它的类中被访问，不能在其他类中被访问。对成员变量进行获取和更改，一般用 get() 和 set()。

2.3.3 任务实施

步骤 01

右击包名，选择“New”→“Activity”→“Empty Activity”，如图 2-10 所示。

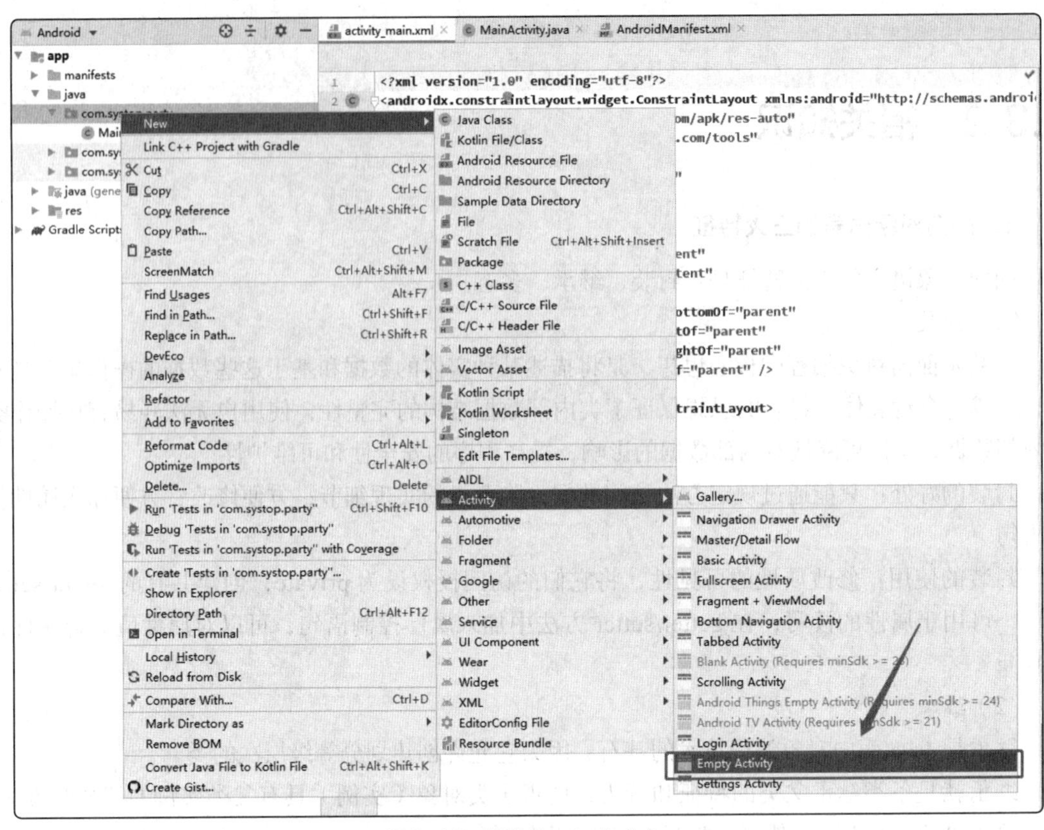

图 2-10　新建 Empty Activity

在选择“Empty Activity”后，会自动弹出新建 Activity 的配置对话框。在第一栏“Activity Name”中为新建的 Activity 命名，我们将它命名为 BaseActivity，并勾选下面的复选框以创建与该 Activity 配套的布局文件。第二栏为布局文件名称，不用修改。具体配置如图 2-11 所示。

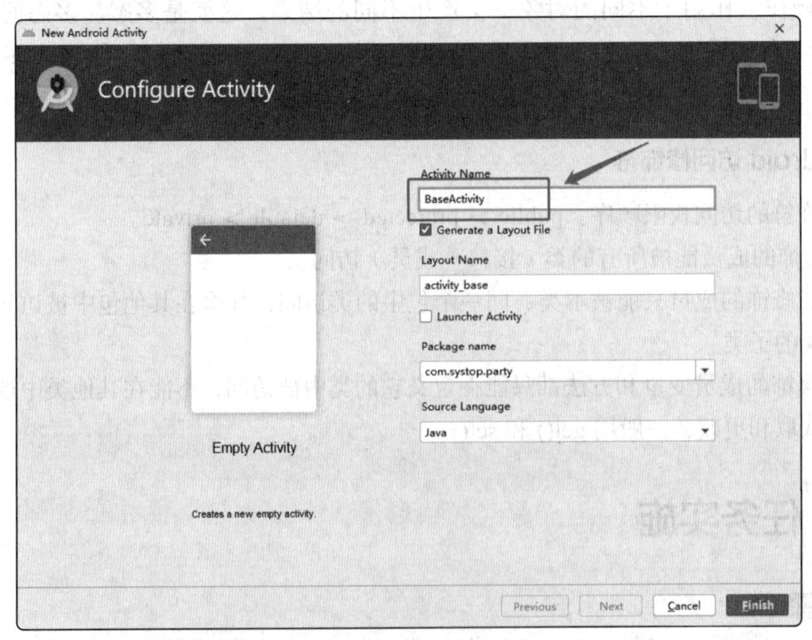

图 2-11　新建 BaseActivity

步骤 02

打开 activity_base.xml。按住 Ctrl 键，当鼠标指针在布局名称上停留时，可以通过单击打开布局文件，如图 2-12 所示。

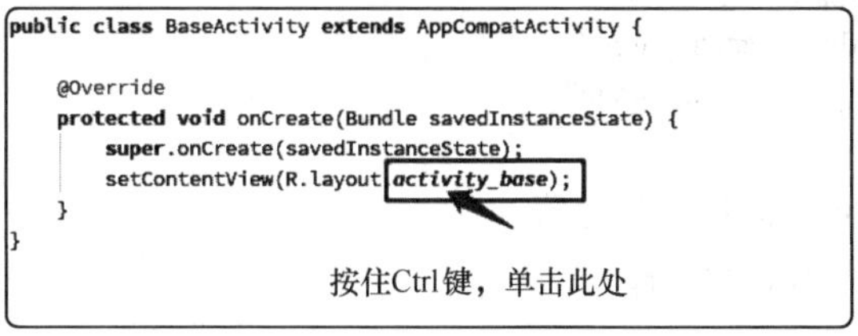

```
public class BaseActivity extends AppCompatActivity {

    @Override
    protected void onCreate(Bundle savedInstanceState) {
        super.onCreate(savedInstanceState);
        setContentView(R.layout.activity_base);
    }
}
```

按住Ctrl键，单击此处

图 2-12　打开布局文件

编辑 activity_base.xml。将最外层设置为垂直的 LinearLayout，里面放置一个 RelativeLayout 和一个 FrameLayout，其中 RelativeLayout 包含 ImageButton 返回按钮和 TextView 标题。具体代码实现如下：

```
<?xml version="1.0" encoding="utf-8"?>
<LinearLayout xmlns:Android="http://schemas.Android.com/apk/res/Android"
  xmlns:app="http://schemas.Android.com/apk/res-auto"
  xmlns:tools="http://schemas.Android.com/tools"
  Android:layout_width="match_parent"
  Android:layout_height="match_parent"
  Android:orientation="vertical"
  tools:context=".BaseActivity">

  <RelativeLayout// 相对布局 设置 id、宽度、长度等属性
Android:id="@+id/base_rl"
    Android:layout_width="match_parent"
    Android:layout_height="@dimen/dp_44"
Android:visibility="gone"
    Android:background="@color/colorPrimary">

    <ImageButton// 图片按钮 设置 id、宽度、长度等属性
      Android:id="@+id/base_ibtn_back"
      Android:layout_width="@dimen/dp_44"
      Android:layout_height="@dimen/dp_44"
      Android:layout_centerVertical="true"
      Android:background="@drawable/bg_click_back"
      Android:src="@drawable/ic_fanhui" />

    <TextView// 应用文本 设置 id、宽度、长度等属性
      Android:id="@+id/base_tv_title"
      Android:layout_width="wrap_content"
      Android:layout_height="wrap_content"
      Android:layout_centerHorizontal="true"
      Android:layout_centerVertical="true"
      Android:ellipsize="end"
      Android:maxEms="15"
      Android:singleLine="true"
      Android:text=" 标题 "
Android:textColor="@color/title"
      Android:textSize="@dimen/sp_18"
      Android:textStyle="bold"
```

```
        Android:visibility="visible" />
    </RelativeLayout>

    <FrameLayout// 嵌套帧布局 设置基本宽度与高度
        Android:id="@+id/base_fl_content"
        Android:layout_width="match_parent"
        Android:layout_height="match_parent" />
</LinearLayout>
```

在 res/values/color.xml 中添加标题色值。

```
<color name="title">#F6CBA0</color>
```

效果如图 2-13 所示。

图 2-13　activity_base 效果

◈ 步骤 03

编辑 BaseActivity。首先我们声明 XML 文件中的控件并初始化。

```
private ImageButton baseIbtnBack;// 按钮控件
private TextView baseTvTitle;// 文本控件
private FrameLayout baseFlContent;// 帧布局控件
private RelativeLayout baseRl;// 相对布局控件

@Override
protected void onCreate(Bundle savedInstanceState) {
    super.onCreate(savedInstanceState);
    setContentView(R.layout.activity_base);
ScreenManagerUtils.getInstance().addActivity(this);// 添加屏幕管理器对象
    initView();// 初始化页面
}

private void initView() { // 绑定控件与对象
    baseIbtnBack = findViewById(R.id.base_ibtn_back);
```

```
        baseTvTitle = findViewById(R.id.base_tv_title);
        baseFlContent = findViewById(R.id.base_fl_content);
    baseRl = findViewById(R.id.base_rl);
    }
```

编写将所有继承 BaseActivity 的 Activity 设置到 BaseActivity 的 FrameLayout 中的方法，子类只需调用该方法即可设置成功。

```
    public void setBaseContentView(int layoutID) {
        View view = LayoutInflater.from(this).inflate(layoutID, null);// 实例化布局文件
        LinearLayout.LayoutParams layoutParams = new LinearLayout.LayoutParams(
                LinearLayout.LayoutParams.MATCH_PARENT, LinearLayout.LayoutParams.MATCH_PARENT);// 设置
布局对象宽度、高度等属性
        view.setLayoutParams(layoutParams);// 设置该布局对象到视图中
        baseFlContent.addView(view);
    }
```

传入标题字符串，设置标题可见，将字符串设置到标题上。

```
    /**
     * 标题栏标题
     */
    public void setTvTitle(String title) {
    baseRl.setVisibility(View.VISIBLE);
        baseTvTitle.setVisibility(View.VISIBLE);
        baseTvTitle.setText(title != null ? title : "");
    }
```

设置标题栏返回按钮方法，设置返回按钮可见，且单击该按钮后当前界面销毁，返回上一级界面；同时设置物理返回键方法。定义 finishActivity() 方法，统一处理单击标题栏返回按钮或物理返回键时将当前 Activity 从 Activity 栈中移除的操作。

```
    /**
     * 标题栏返回按钮
     */
    public void setIvBack() {
    baseRl.setVisibility(View.VISIBLE);// 设置控件可见
        baseIbtnBack.setVisibility(View.VISIBLE);
        baseIbtnBack.setOnClickListener(new View.OnClickListener() { // 设置点击监听器
            @Override
            public void onClick(View view) {
                finishActivity();// 结束 Activity，返回上一个 Activity
            }
        });
    }

    /**
     * 物理返回键
     */
    @Override
    public boolean onKeyDown(int keyCode, KeyEvent event) { // 用户按下返回键的操作
        if (keyCode == KeyEvent.KEYCODE_BACK && event.getAction() == KeyEvent.ACTION_DOWN) {
            finishActivity();
            return true;
        }
        return super.onKeyDown(keyCode, event);
```

```
    }

    /**
     * 关闭当前页面
     */
    public void finishActivity() {
        ScreenManagerUtils.getInstance().removeActivity(BaseActivity.this);
    }
```

在 utils 工具包中放入 ScreenManagerUtils 屏幕管理类，管理所有 Activity。在标题栏返回按钮或物理返回键的点击事件中调用 ScreenManagerUtils 移除 Activity。在 onCreate() 中需要调用 addActivity()。在复制代码时需要进行导包，导包方式是将光标移动到待导包处，且该处出现下画线，按 Alt+Enter 组合键，具体操作如图 2-14 所示。

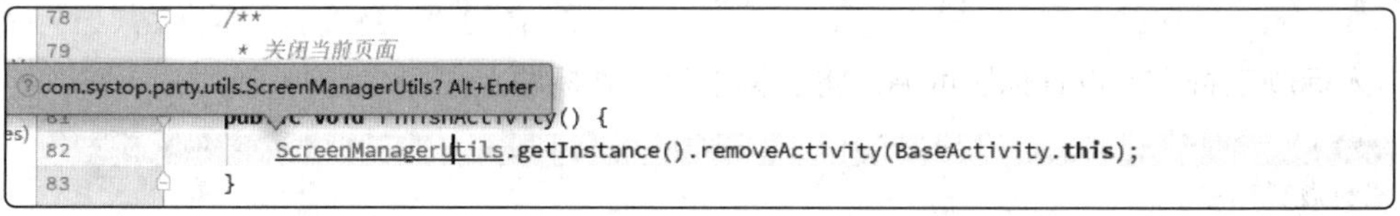

```
78        /**
79         * 关闭当前页面
   com.systop.party.utils.ScreenManagerUtils? Alt+Enter
81        pub  c void finishActivity() {
82            ScreenManagerUtils.getInstance().removeActivity(BaseActivity.this);
83        }
```

图 2-14　导包

每个界面都可能需要使用弹框，我们把弹框显示提示方法写到父类中，方便后续使用。

```
    public void showMessage(String message) { // 弹框界面
        ToastUtils.getInstance(BaseActivity.this).showMessage(message);
    }

    @Override
    protected void onDestroy() { // 结束操作，调用 ToastUtils 工具类的方法显示结束对话
        super.onDestroy();
        ToastUtils.getInstance(BaseActivity.this).toastCancel();
    }
```

utils 工具包中放入 ToastUtils 弹框提示工具类，保证在应用运行中只存在一个弹框。ToastUtils 使用单例模式。代码如下：

```
public class ToastUtils { // 管理对话框的工具类

    protected static Toast toast = null;

    private static volatile ToastUtils mToastUtils;

    private ToastUtils(Context context) { // 构造函数
        toast = Toast.makeText(context.getApplicationContext(), null, Toast.LENGTH_SHORT);
    }

    public static ToastUtils getInstance(Context context) { // 单例模式，保证应用只有一个对话框工具类对象，使用上锁的形式实现
        if (null == mToastUtils) {
            synchronized (ToastUtils.class) {
                if (null == mToastUtils) {
                    mToastUtils = new ToastUtils(context);
                }
            }
        }
```

```
        return mToastUtils;
    }

    public void showMessage(String toastMsg) { // 展示对话框弹出消息，消息作为参数传递
        toast.setText(toastMsg);
        toast.show();
    }

    public void toastCancel() { // 展示对话框取消消息，消息作为参数传递
        if (null != toast) {
            toast.cancel();
            toast = null;
        }
        mToastUtils = null;
    }
}
```

步骤 04

修改 MainActivity，使之继承 BaseActivity，将 activity_main 添加到 BaseActivity。

```
public class MainActivity extends BaseActivity {

    @Override
    protected void onCreate(Bundle savedInstanceState) {
        super.onCreate(savedInstanceState);
        setBaseContentView(R.layout.activity_main);
    }
}
```

步骤 05

运行项目。单击工具栏中的运行按钮，即可运行项目。

2.3.4 扩展知识

1. Android 六大布局

一个丰富的界面是由很多个控件组成的，要让各个控件有条不紊地摆放，需要借助布局来实现。布局是一种可用于放置很多控件的容器，它可以按照一定的规则调整内部控件的位置，从而实现精美的界面。布局的内部可以放置控件，也可以放置布局。通过多层布局的嵌套，我们能够实现一些比较复杂的界面。

线性布局（LinearLayout）：顾名思义，这种布局内部控件的排列是有顺序的，要么从上到下依次垂直排列，要么从左到右依次水平排列。Android:orientation 属性指定排列方向，属性值为 vertical 表示垂直排列，属性值为 horizontal 表示水平排列。

帧布局（FrameLayout）：组件从屏幕左上方开始布局控件。下级视图无法指定所处位置，从 FrameLayout 左上角开始添加，并且后面添加的子视图会把之前的子视图覆盖。一般用于需要重叠显示的场合。

表格布局（TableLayout）：按照行列方式布局控件。

绝对布局(AbsoluteLayout)：按照绝对坐标来布局控件。难以实现多分辨率适配,不建议使用。

相对布局（RelativeLayout）：相对其他控件的布局方式。下级视图的位置是相对位置，得有具体的参照物才能确定最终位置，默认显示在 RelativeLayout 内部的左上角。可以使用约束布局替代。

约束布局（ConstraintLayout）：按照约束布局控件。支持约束布局的最低版本是 Android 2.3（Gingerbread）。

2. Android 基本控件

Android 基本控件如下。

TextView 是最基本的文本显示控件，继承 Android.view.View，在 Android.widget 包中。

ImageView 是图片显示控件，负责显示图片，其图片的来源可以是资源文件中的 id，也可以是 Drawable 对象或者位图对象的 id，还可以是 ContentProvider 的 URI（Uniform Resourse Identifier，统一资源标识符）。

EditText 是输入框，可编辑内容，可设置软键盘方式。它继承 Android.widget.TextView，在 Android.widget 包中。

Button 是按钮，可附带图片。Button 是最常用的控件之一，继承 Android.widget.TextView，在 Android.widget 包中。它的常用子类有 CheckBox、RadioButton 等。

CheckBox 是复选框，继承 Android.widget.CompoundButton，在 Android.widget 包中。

RadioButton 是单选按钮（和 RadioGroup 配合使用），继承 Android.widget.CompoundButton，在 Android.widget 包中。RadioButton 在使用时要声明 RadioGroup，RadioGroup 是流式布局 Android.widget.LinearLayout 的子类。

ImageButton 派生自 ImageView，是图像按钮。ImageButton 与 Button 之间的最大区别在于 ImageButton 中没有 text 属性。ImageButton 可以通过 Android:src 属性来设置按钮中显示的图片，也可以通过 setImageResource(int) 来设置。

ProgressBar 用于在界面上显示一个进度条，表示我们的程序正在加载一些数据。在运行程序中显示该控件时，用户会看到屏幕中有一个圆形进度条正在旋转。

3. 图形基础

Android 把所有显示出来的图形都抽象为 Drawable（可绘制的），这里的图形不只是图片，还包括色块、画板、背景等。Drawable 文件放在 res 目录的各个 drawable 目录下。drawable 目录中一般存放描述性的 XML 文件，图片文件放在具体分辨率对应的 drawable 目录下。表 2-2 展示了图形状态类型及其说明。

表2-2　图形状态类型及其说明

状态类型	说明	常用的控件
state pressed	是否按下	按钮 Button
state checked	是否勾选	单选按钮 RadioButton 复选框 CheckBox
state focused	是否获取焦点	输入框 EditText
state selected	是否选中	各控件均可

形状图形，即 shape 图形，可在 XML 文件中定义。形状图形的定义以 <shape> 元素为根节点，根节点下可以包含 6 个节点。

（1）corners：圆角。

（2）gradien：渐变。

（3）padding：间隔。

（4）size：尺寸。

（5）solid：填充。

（6）stroke：描边。

2.3.5　任务小结

本次任务我们完成了 BaseActivity 的创建。通过本次学习读者应熟练掌握基本页面的创建及编辑，了解面向对象语言的三大特征：封装、继承、多态。完成本次学习读者可自行尝试界面的创建及编辑。

2.4　任务 3——创建自定义 Application

2.4.1　任务描述

每个 App 里面都有一个 Application，当 App 启动的时候，系统会自动加载并初始化

Application 类。当需要做一些全局初始化操作的时候需要用到自定义 Application。此任务我们将完成自定义 Application 的创建，并初始化全局日志工具类，修改配置文件 AndroidManifest.xml，使用自定义 Application，同时编写主题样式。

通过本任务的学习，我们应该掌握自定义 Application 的创建，了解配置文件 AndroidManifest.xml，掌握主题样式的编写方法。

实施步骤如下。

（1）新建类 MyApplication 继承 Application。

（2）初始化日志工具类。

（3）修改配置文件 AndroidManifest.xml，使用自定义 Application。

（4）统一应用主题。

2.4.2 相关知识

Android 样式 style 和主题 Theme

（1）style 的使用。

style 是针对窗体中的元素的，可以改变指定控件或者 Layout 的样式。通过抽取一些共同的属性写到 <style> 元素里，可以省略大量重复的属性设置代码，后面使用时也是可以覆盖某些属性的。

（2）Theme 的设置。

Theme 是针对窗体的，可以改变窗体的样式，对整个应用或某个 Activity 存在全局性影响。Theme 依然在 <style> 元素里边申明，也是以同样的方式引用。不同的是 Theme 可以在 AndroidManifest.xml 的 <application> 和 <activity> 元素中通过设置属性 Android:theme="@style/××" 添加给整个程序或者某个 Activity。Theme 是不能应用在某一个单独的视图上的。

2.4.3 任务实施

步骤 01

右击包名 base，选择"New"→"Java Class"，新建 Java Class——MyApplication。MyApplication 继承 Application，使用单例模式，保证 Application 的唯一性。具体如图 2-15 所示。

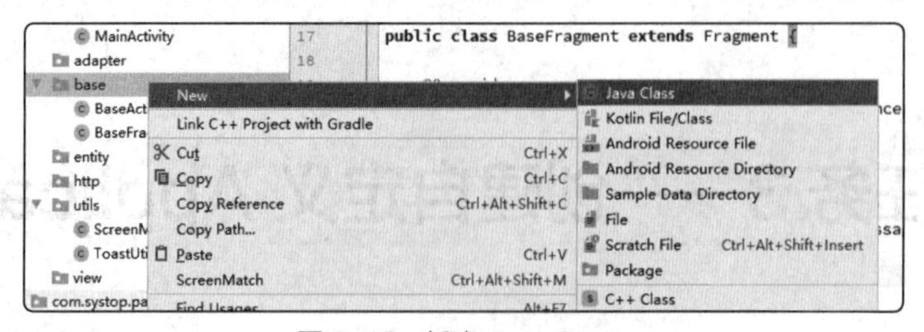

图 2-15　新建 Java Class

步骤 02

初始化日志工具类。

在开发过程中，日志（log）是每个人都会用上的。在开发大项目的时候，几乎每个类都需要加 log，但是在项目产品发布之前，又会要求将 log 全部删除，因为系统 log 暂时没有统一管理的方法。在对线程并发或者子线程调试的时候，还是用 log 调试比较精确，用 debug 工具调试的结果经常不符合实际需求。但使用系统 log 调试，调试完又得找出来删除，很烦琐。这里我们使用很多人用的 log 框架：logger。

在 build.gradle(Module:app) 中添加日志工具依赖库。

```
implementation 'com.orhanobut:logger:2.2.0'。
```

在 utils 工具包中放入 LoggerUtil 日志工具类。

```
public class LoggerUtil { // 日志工具类

    public static final String TAG = "（LoggerUtil）";// 定义字符串常量标识
    public static final String MSG_HTTP = "HttpLog";
    public static final String MSG_TEST = "TestLog";

    /**
     * 初始化日志工具，在 App 入口处调用
     *
     * @param isLogEnable 是否输出 log
     */
     public static void init(final boolean isLogEnable){ // 调用 builder 方法构造 FormatStrategy 对象，设置线程信息显示、标识等属性
        FormatStrategy formatStrategy = PrettyFormatStrategy.newBuilder()
                .showThreadInfo(false)
                .methodCount(0)
                .tag(TAG)
                .build();
        Logger.addLogAdapter(new AndroidLogAdapter(formatStrategy) { // 绑定适配器
            @Override
            public boolean isLoggable(int priority, @Nullable String tag) {
                return isLogEnable;
            }
        });
    }

    public static void d(String message) { // 日志记录
        Logger.d(message);
    }

    public static void d(String tag, String message) {
        Logger.d(String.format("[%s]%s", tag, message));
    }

    public static void i(String message) {
        Logger.i(message);
    }

    public static void i(String tag, String message) {
        Logger.i(String.format("[%s]%s", tag, message));
    }
    public static void e(String message) {
        Logger.d(message);
    }
```

```
    public static void e(String tag, String message) { // 发生错误的日志记录
        Logger.e(String.format("[%s]%s", tag, message));
    }

    public static void e(String tag, Throwable e) {
        Logger.e(String.format("[%s]%s", tag, e.getMessage()));
    }

    public static void json(String json) { // 记录 json 格式字符串
        Logger.json(json);
    }
}
```

在 MyApplication 的 onCreate() 方法中初始化 LoggerUtil。

```
public class MyApplication extends Application {
    public static MyApplication application;

    public static synchronized MyApplication getInstance() { // 通过上锁获得 MyApplication 实例对象
        return application;
    }

    @Override
    public void onCreate() {
        super.onCreate();
        application=this;
        LoggerUtil.init(true);// 初始化 LoggerUtil
    }
}
```


步骤 03

修改配置文件。在 AndroidManifest.xml 中添加 Android:name 属性，使用 MyApplication。

```
<manifest xmlns:Android="http://schemas.Android.com/apk/res/Android"
    package="com.systop.party">

    <application
        Android:allowBackup="true"
        Android:icon="@mipmap/ic_launcher"// 图标
        Android:label="@string/app_name"
        Android:name=".base.MyApplication"// 名称
        Android:roundIcon="@mipmap/ic_launcher_round"// 圆形图标
        Android:supportsRtl="true"
        Android:theme="@style/AppTheme">// 主题
        <activity Android:name=".base.BaseActivity"></activity>
        <activity Android:name=".activity.MainActivity">
            <intent-filter>// 设置默认启动页
                <action Android:name="Android.intent.action.MAIN" />

                <category Android:name="Android.intent.category.LAUNCHER" />
            </intent-filter>
        </activity>
    </application>

</manifest>
```

◈ 步骤 04

统一应用主题。在 AndroidManifest.xml 中有 Android:theme="@style/AppTheme"，其中的@style/AppTheme 是引用 res/values/styles.xml 中的主题样式。修改 Android:theme 为应用设置没有标题的主题。打开 styles.xml，修改 AppTheme 为如下代码所示属性。

```
<!-- Base application theme. -->
<style name="AppTheme" parent="Theme.AppCompat.Light.DarkActionBar">
    <!-- Customize your theme here. -->
    <item name="colorPrimary">@color/colorPrimary</item>
    <item name="colorPrimaryDark">@color/colorPrimaryDark</item>
    <item name="colorAccent">@color/colorAccent</item>
    <!-- 隐藏 ActionBar-->
    <item name="windowActionBar">false</item>
    <!-- 隐藏标题 -->
    <item name="windowNoTitle">true</item>
</style>
```

运行程序，效果如图 2-16 所示。

图 2-16　运行效果

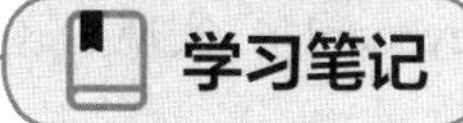

2.4.4 扩展知识

微课视频

Android 单例模式

1. Android 常用设计模式

（1）观察者模式

释义：观察者模式定义了一种一对多的依赖关系，可让多个观察者对象同时监听某一个主题对象。这个主题对象在状态上发生变化时，会通知所有观察者对象，使它们能够自动更新自己。

适用场景：当一个对象发生改变需要同时改变其他对象，而不知道具体有多少对象有待改变时；当一个对象必须通知其他对象，而它又不能确定其他对象是谁时。

（2）适配器模式

释义：把一个类的接口变换成客户端所期待的另一种接口，从而使原本因接口不匹配而无法一起工作的两个类能够一起工作。适配类可以根据参数返回一个合适的实例给客户端。

适用场景：业务的接口与工作的类不兼容，比如类中缺少实现接口的某些方法，但又需要两者一起工作；在现有接口和类的基础上为新的业务需求提供接口。

（3）代理模式

释义：通过引入一个新的对象来实现对真实对象的操作或将新的对象作为真实对象的一个替身，这样的实现机制称为代理模式（为其他对象提供一种代理以控制对这个对象的访问）。

适用场景：远程代理、虚拟代理、安全代理等。

（4）工厂模式

工厂模式分为简单工厂模式、工厂方法模式以及抽象工厂模式。

简单工厂模式：一般情况下，提供一个方法，方法的参数是一个标志位，根据标志位来创建不同的对象，这样在调用的时候只需要提供一个标志位就可以创建一个实现了接口的类。

工厂方法模式：将简单工厂模式提供的方法分开，不再是在工厂方法中根据标志位创建对象，而是定义一个工厂接口，然后想创建几个不同类型的对象（即实现了同一接口的不同 Java 类），就创建几个不同类型的工厂，创建的对象和创建对象的工厂是一一对应的。客户端调用的时候直接去实例化一个具体的对象工厂，通过对象工厂创建对应的对象。

抽象工厂模式：这个名字没有表达出这个模式的特点，其实这个模式就是在工厂方法模式的基础上稍微扩展一下而已。在工厂方法模式里面，一般一个工厂接口只有一个方法，比如 createMouse()，实现了这个接口的具体工厂类只能生产鼠标。而抽象工厂模式里一个工厂接口有多个方法，比如 createMouse()、createKeyboard()，实现了这个工厂接口的具体工厂类就可以既生产鼠标又生产键盘。

常见实例：比如常用的 BitmapFactory 类，在创建 Bitmap 对象时，通常使用其静态工厂方法。

（5）单例模式

释义：单例模式确保某一个类只有一个实例，而且由该类自行实例化并向整个系统提供这个实例。单例模式只在有真正的“单一实例”的需求时才可使用，能极大地节省资源，提高代码运行效率。单例模式的缺点也是很明确的，就是不能发生状态的变化，以确保提供统一的功能。

适用场景：对于定义的一个类，在整个应用程序执行期间只有唯一的一个实例对象，如 Android 中常见的 Application 对象。

2. Android 折叠屏适配

2021 年，用于进行折叠屏适配的 Jetpack WindowManager 发布。Jetpack WindowManager 支持不同形态的新设备，具有响应式 UI 应用。通过 WindowManager API 中 WindowInfoTracker 属性可以获取折叠屏的状态，其中 WindowLayoutInfo 获取的信息包含了窗口的显示特性，例如该窗口是否可折叠或包含铰链。在 WindowLayoutInfo 中可以得到 FoldingFeature，并通过 FoldingFeature 监听可折叠设备的折叠状态，从而判断设备的姿态。

FoldingFeature 中有 3 个关键的属性。

State 控制折叠特征的角度（HALF_OPENED 或 FLAT）。

Orientation 控制折叠特征的方向（HORIZONTAL 或 VERTICAL）。

isSeparating 可以根据折叠特征将显示区域分隔为两个不同的部分。对于双屏设备应用跨铰链的情况，该属性值始终为 true；对于其他可折叠设备，只有 State 为 HALF_OPENED 时（例如设备处于桌面状态时）该属性值为 true。所以我们可以定义函数来显示当前的状态。

监听就是通过 LifeCycle 获取 windowLayoutInfo 信息，然后提取 FoldingFeature，判断 FoldingFeature 的当前状态。示例代码如下。

```
private fun observeFold() {
        lifecyclescope. launch(Dispatchers.Main) {
            lifecycle.repeatOnLifecycle(Lifecycle.state.STARTED){
                windowLayoutInfoFlow.collect { layoutInfo ->
                    Log.i(TAG,"size:${layoutInfo.displayFeatures.size}")
                    val foldingFeature = layoutInfo.displayFeatures.
                        .filterIsInstance<FoldingFeature>()
                        .firstOrNull()
                    foldingFeature ?.let {
                        Log.i(TAG, "state:${it.state}")
                    when {
                        isTableTopPosture(foldingFeature) ->
                            sendInfoMsg(" 横向半开 ")
                        isBookPosture(foldingFeature) ->
                            sendInfoMsg(" 竖向半开 ")
                        isSeparating(foldingFeature) ->
                            / /Dual-screen device
                            foldingFeature?.let {
                                if (it.orientation == FoldingFeature.Orientation. HORIZONTAL){
                                    sendInfoMsg(" 横向全展开 ")
                                }else {
                                    sendInfoMsg(" 竖向全展开 ")
                                }
                            }
                        else -> {
                            sendInfoMsg(" 主屏 ")
                        }
                    }
                }
            }
        }
    }
```

从代码中可以看到，判断 FoldingFeature 的状态后使用 sendInfoMsg 发送消息，是通过协程直接给 ViewModel 发送消息。

2.4.5 任务小结

本次任务我们完成了自定义 Application 的创建及编辑，完成了一些全局配置，了解了 Application 的作用。

2.5 单元小结

通过本学习单元读者应了解如何安装插件。在当今项目开发中，为了方便开发，项目都会引入第三方插件，因为引入插件可以大大提升工作效率。通过创建项目的 BaseActivity 与布局文件，读者应了解基本布局与控件的关联。读者还应掌握 Application 的应用。

学习单元03 创建流动党员之家主界面

03

3.1 单元概述

本学习单元介绍应用主界面的创建。一般应用主界面由底部导航和对应页面组成。本学习单元从界面布局、页面创建、页面切换等方面介绍主界面的创建。最终实现包含底部导航的流动党员之家主界面，并引导学生遵循编码规范开发主界面代码。本学习单元通过介绍国产插件ButterKnife引发读者民族自豪感。

表3-1 工作任务单

任务名称	Android 项目开发实践	任务编号	03
子任务名称	创建主界面	完成时间	60min
任务描述	完成应用主界面的创建。按图创建包含底部导航的主界面，单击底部导航按钮，按钮状态改变，页面切换		
任务要求	完成主界面静态界面的创建		
	完成主界面功能逻辑		
任务环境	Android Studio 开发工具，雷电模拟器		
任务重点	掌握图片资源添加、样式定义方法，掌握 ButterKnife 的使用方法，掌握 Fragment 的创建及使用方法		
任务准备	创建完成的 Party 项目		
任务工作流程	先添加相关图片资源，然后根据 UI 效果图创建静态界面，再创建与底部导航相对应的 Fragment 页面，最后实现单击底部导航按钮切换 Fragment 页面功能		
任务评价标准	比对创建的静态界面是否和 UI 效果图一致		
	运行项目，单击底部导航按钮，是否实现按钮状态改变，页面切换		
知识链接	1. ButterKnife 2. Android layer-list 3. mipmap 和 drawable 4. Fragment 5. 底部导航其他实现方式		

3.1.1 知识目标

（1）了解 ButterKnife 的使用方法。
（2）了解 Fragment 的使用方法。
（3）了解返回键相关方法。

3.1.2 技能目标

（1）掌握 ButterKnife 的使用方法。
（2）掌握 Fragment 的使用方法。
（3）掌握图标变化方法。

3.2 任务 1——完成主界面静态界面创建

3.2.1 任务描述

应用开发的第一步肯定是根据 UI 效果图创建静态界面。本小节我们学习如何创建包含底部导航的主界面。学习内容包含图片资源的添加、颜色值的添加、样式的创建、使用 ButterKnife 进行控件初始化等。最后学习如何实现单击两次物理返回键退出应用。UI 完成效果如图 3-1 所示。

图 3-1　UI 完成效果

实施步骤如下。

（1）添加相关资源，如图片、颜色、样式等。

（2）打开 activity_main.xml 创建主界面。

（3）使用 ButterKnife 初始化控件及其单击事件。

（4）设置物理返回键单击事件。

3.2.2 相关知识

1. ButterKnife

ButterKnife 是一个专注于 Android 系统的 View 注入框架，以前使用 findViewById 来获取 View 对象，有了 ButterKnife 可以很轻松地省去这些步骤。它是 JakeWharton（杰克·沃顿）的力作，目前使用很广。最重要的一点，使用 ButterKnife 对性能基本没有损失，因为 ButterKnife 用到的注解并不是在运行时反射的，而是在编译的时候生成新的类。项目集成特别方便，使用也特别简单。

ButterKnife 的优势有以下几点。

（1）强大的 View 绑定和 Click 事件处理功能，简化代码，提升开发效率。

（2）方便地处理 Adapter 里的 ViewHolder 绑定问题。

（3）运行时不会影响 App 效率，使用配置方便。

（4）代码清晰，可读性强。

2. Android layer-list

layer-list 的大致原理类似 RelativeLayout（或者 FrameLayout），也是一层层地叠加，后添加的会覆盖先添加的。在 layer-list 中可以通过控制添加图层距离最底层图层的左、上、右、下的 4 个边距属性等，来得到不同显示效果。

3.2.3 任务实施

步骤 01

我们打开 Android 视图，单击 mipmap 文件夹，在 mipmap 中添加相关导航图标，如图 3-2 所示，导航图标可以搜索“阿里巴巴矢量图标库”下载。

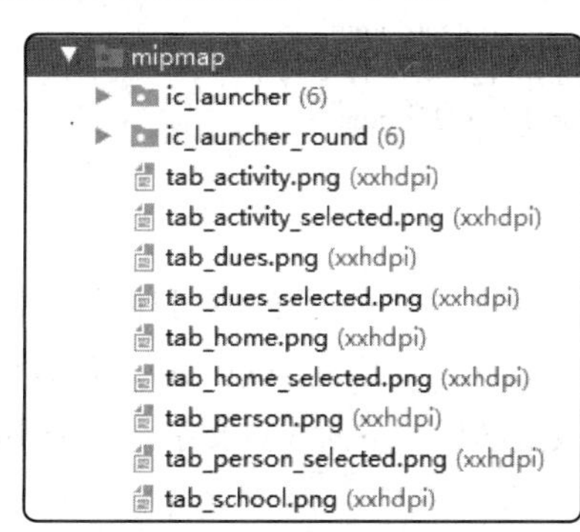

图 3-2 添加底部导航图标

在 value 目录下的 color 文件中加入相关颜色值。colorPrimaryDark 是状态栏颜色，colorAccent 是各个控件被选中时的颜色，colorPrimary 是应用程序栏背景颜色。

```
<resources>
  <color name="colorPrimary">#D41630</color>// 状态栏颜色
  <color name="colorPrimaryDark">#D41630</color>//Appbar 背景色
  <color name="colorAccent">#D41630</color>// 控制各个控件被选中时的颜色

  <color name="c_cccccc">#cccccc</color><!-- 默认输入字体色 -->
  <color name="c_999999">#999999</color>
  <color name="c_333333">#333333</color>
  <color name="c_666666">#666666</color>

  <color name="background">#eeeeee</color><!-- 背景色 -->

  <color name="line">#f0f0f0</color><!-- 分隔线颜色 -->
</resources>
```

在 drawable 目录下新建图形 bg_line_top，背景为白色，顶部包含分割线。

```
<layer-list xmlns:Android="http://schemas.Android.com/apk/res/Android">
  <item >
    <shape Android:shape="rectangle" >
      <solid Android:color="@color/line"/>// 包含分割线
    </shape>
  </item>
  <item  Android:top="@dimen/dp_1">
    <shape>
      <solid Android:color="@Android:color/white" />// 背景白色
    </shape>
  </item>
</layer-list>
```

value 目录下的 styles 文件中，添加底部导航相关样式，该样式可以重复使用，以减少代码量。

```
<!-- 底部导航 -->
<style name="tab_iv">
  <item name="Android:layout_width">@dimen/dp_20</item>// 设置宽度
  <item name="Android:layout_height">@dimen/dp_20</item>// 设置高度
  <item name="Android:layout_marginBottom">@dimen/dp_4</item>// 设置底部边框
</style>

<style name="tab_tv">
  <item name="Android:layout_width">wrap_content</item>// 自适应
  <item name="Android:layout_height">wrap_content</item>
  <item name="Android:textSize">@dimen/sp_12</item>// 字体大小
  <item name="Android:textColor">@color/c_333333</item>
</style>
```

步骤 02

打开 activity_main.xml 进行编辑。导航要放在底部，最外层我们使用相对布局 RelativeLayout，RelativeLayout 的上面放一个帧布局 FrameLayout 来放置 Fragment，底部使用水平线性布局放置 5 个可单击的小布局。每个小布局的上面放置图标，下面放置文字。每个小图标样式一样，我们提取相同属性到 style 文件中。

```
<?xml version="1.0" encoding="utf-8"?>
```

```
<RelativeLayout xmlns:Android="http://schemas.Android.com/apk/res/Android"// 设置相对布局
   xmlns:app="http://schemas.Android.com/apk/res-auto"
   xmlns:tools="http://schemas.Android.com/tools"
   Android:layout_width="match_parent"
   Android:layout_height="match_parent"
   tools:context=".activity.MainActivity">

   <FrameLayout// 嵌套帧布局，设置 id、高度、位置属性
      Android:id="@+id/main_fl_content"
      Android:layout_width="match_parent"
      Android:layout_height="match_parent"
      Android:layout_above="@+id/main_ll_bottom" />

   <LinearLayout// 嵌套线性布局，设置 id、宽度、高度、位置属性
      Android:id="@+id/main_ll_bottom"
      Android:layout_width="match_parent"
      Android:layout_height="@dimen/dp_50"
      Android:layout_alignParentBottom="true"
      Android:layout_gravity="bottom"
      Android:background="@drawable/bg_line_top"
      Android:orientation="horizontal">

      <LinearLayout// 嵌套线性布局，设置 id、宽度、高度、位置属性
         Android:id="@+id/main_ll_1"
         Android:layout_width="0px"
         Android:layout_height="match_parent"
         Android:layout_weight="1"
         Android:gravity="center"
         Android:orientation="vertical">

         <ImageView
            Android:id="@+id/main_iv_1"
            style="@style/tab_iv"
            Android:src="@mipmap/tab_home_selected" />

         <TextView
            Android:id="@+id/main_tv_1"
            style="@style/tab_tv"
            Android:text=" 首页 " />

      </LinearLayout>

      <LinearLayout// 党建活动的线性布局
         Android:id="@+id/main_ll_2"
         Android:layout_width="0dp"
         Android:layout_height="match_parent"
         Android:layout_weight="1"
         Android:gravity="center"
         Android:orientation="vertical">

         <ImageView
            Android:id="@+id/main_iv_2"
            style="@style/tab_iv"
            Android:src="@mipmap/tab_activity" />
```

```
    <TextView
      Android:id="@+id/main_tv_2"
      style="@style/tab_tv"
      Android:text=" 党建活动 " />

</LinearLayout>

<LinearLayout// 网上党校模块的线性布局
    Android:id="@+id/main_ll_3"
    Android:layout_width="0dp"
    Android:layout_height="match_parent"
    Android:layout_weight="1"
    Android:gravity="center"
    Android:orientation="vertical">

    <ImageView
      Android:id="@+id/main_iv_3"
      style="@style/tab_iv" />

    <TextView
      Android:id="@+id/main_tv_3"
      style="@style/tab_tv"
      Android:text=" 网上党校 " />

</LinearLayout>

<LinearLayout// 我们党费模块的线性布局
    Android:id="@+id/main_ll_4"
    Android:layout_width="0dp"
    Android:layout_height="match_parent"
    Android:layout_weight="1"
    Android:gravity="center"
    Android:orientation="vertical">

    <ImageView
      Android:id="@+id/main_iv_4"
      style="@style/tab_iv"
      Android:src="@mipmap/tab_dues" />

    <TextView
      Android:id="@+id/main_tv_4"
      style="@style/tab_tv"
      Android:text=" 我的党费 " />

</LinearLayout>

<LinearLayout// 个人中心模块的线性布局
    Android:id="@+id/main_ll_5"
    Android:layout_width="0dp"
    Android:layout_height="match_parent"
    Android:layout_weight="1"
    Android:gravity="center"
    Android:orientation="vertical">
```

```
        <ImageView
            Android:id="@+id/main_iv_5"
            style="@style/tab_iv"
            Android:src="@mipmap/tab_person" />

        <TextView
            Android:id="@+id/main_tv_5"
            style="@style/tab_tv"
            Android:text=" 个人中心 " />

    </LinearLayout>

  </LinearLayout>

  <ImageView
      Android:id="@+id/main_iv_33"
      Android:layout_width="@dimen/dp_40"
      Android:layout_height="@dimen/dp_40"
      Android:layout_centerHorizontal="true"
      Android:layout_gravity="center_horizontal"
      Android:layout_alignParentBottom="true"
      Android:layout_marginBottom="@dimen/dp_25"
      Android:src="@mipmap/tab_school" />

</RelativeLayout>
```

运行程序效果如图 3-3 所示。

图 3-3　程序运行效果

◈ 步骤 03

打开 MainActivity.class 文件，MainActivity 继承 BaseActivity，调用父类方法 setBaseContentView() 添加布局。光标放在 activity_main 上，按 Alt+Insert 组合键，在弹框中选择“Generate Butterknife Injections”。操作如图 3-4 所示。

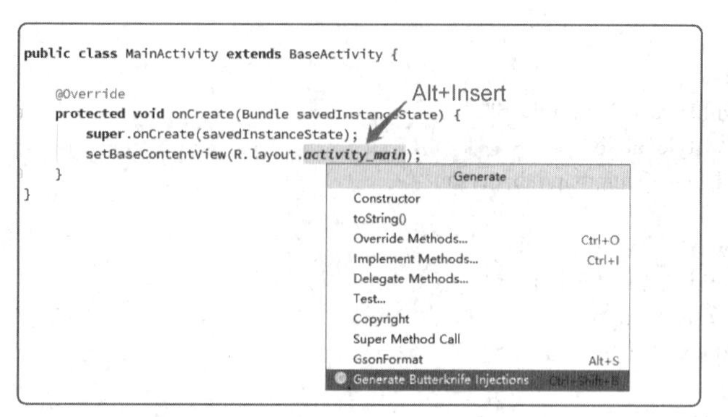

图 3-4　使用 Butterknife

打开弹框，Element 列为初始化控件名称，OnClick 列为点击事件，单击“Confirm”按钮后将在代码中自动生成初始化控件和点击事件，如图 3-5 所示。

☑	Element	ID	OnClick	Variable Name
☑	FrameLayout	main_fl_content	☐	mainFlContent
☑	ImageView	main_iv_1	☐	mainIv1
☑	TextView	main_tv_1	☐	mainTv1
☑	LinearLayout	main_ll_1	☑	mainLl1
☑	ImageView	main_iv_2	☐	mainIv2
☑	TextView	main_tv_2	☐	mainTv2
☑	LinearLayout	main_ll_2	☑	mainLl2
☑	ImageView	main_iv_3	☐	mainIv3
☑	TextView	main_tv_3	☐	mainTv3
☑	LinearLayout	main_ll_3	☑	mainLl3
☑	ImageView	main_iv_4	☐	mainIv4
☑	TextView	main_tv_4	☐	mainTv4
☑	LinearLayout	main_ll_4	☑	mainLl4
☑	ImageView	main_iv_5	☐	mainIv5
☑	TextView	main_tv_5	☐	mainTv5
☑	LinearLayout	main_ll_5	☑	mainLl5
☑	LinearLayout	main_ll_bottom	☐	mainLlBottom
☑	ImageView	main_iv_33	☐	mainIv33

☐ Create ViewHolder
☐ Split OnClick methods
Cancel　Confirm

图 3-5　Butterknife 弹框

自动生成如下代码。

```
@BindView(R.id.main_fl_content)
FrameLayout mainFlContent;
@BindView(R.id.main_iv_1)
ImageView mainIv1;
@BindView(R.id.main_tv_1)
TextView mainTv1;
@BindView(R.id.main_ll_1)
LinearLayout mainLl1;
@BindView(R.id.main_iv_2)
ImageView mainIv2;
@BindView(R.id.main_tv_2)
```

```
TextView mainTv2;
@BindView(R.id.main_ll_2)
LinearLayout mainLl2;
@BindView(R.id.main_iv_3)
ImageView mainIv3;
@BindView(R.id.main_tv_3)
TextView mainTv3;
@BindView(R.id.main_ll_3)
LinearLayout mainLl3;
@BindView(R.id.main_iv_4)
ImageView mainIv4;
@BindView(R.id.main_tv_4)
TextView mainTv4;
@BindView(R.id.main_ll_4)
LinearLayout mainLl4;
@BindView(R.id.main_iv_5)
ImageView mainIv5;
@BindView(R.id.main_tv_5)
TextView mainTv5;
@BindView(R.id.main_ll_5)
LinearLayout mainLl5;
@BindView(R.id.main_ll_bottom)
LinearLayout mainLlBottom;
@BindView(R.id.main_iv_33)
ImageView mainIv33;
```

自动生成的点击事件如下。

```
@OnClick({R.id.main_ll_1, R.id.main_ll_2, R.id.main_ll_3, R.id.main_ll_4, R.id.main_ll_5})
public void onViewClicked(View view) {
  switch (view.getId()) {
    case R.id.main_ll_1:
      // 首页
      break;
    case R.id.main_ll_2:
      // 党建活动
      break;
    case R.id.main_ll_3:
      // 网上党校
      break;
    case R.id.main_ll_4:
      // 我的党费
      break;
    case R.id.main_ll_5:
      // 个人中心
      break;
  }
}
```

需手动添加 ButterKnife.bind(this)。

```
@Override
protected void onCreate(Bundle savedInstanceState) {
  super.onCreate(savedInstanceState);
  setBaseContentView(R.layout.activity_main);
  ButterKnife.bind(this);
}
```

◈ 步骤 04

重写物理返回键点击事件，连续点击两次的间隔不超过 2s，则退出应用。

```
private long exitTime = 0;// 记录上次单击返回按钮的时间

@Override
public boolean onKeyDown(int keyCode, KeyEvent event) {
    if (keyCode == KeyEvent.KEYCODE_BACK && event.getAction() == KeyEvent.ACTION_DOWN) {
        if ((System.currentTimeMillis() - exitTime) > 2000) {
            showMessage(" 再按一次退出程序 ");
            exitTime = System.currentTimeMillis();
        } else {
            ScreenManagerUtils.getInstance().finishAllActivityAndClose();
        }
        return true;
    }
    return super.onKeyDown(keyCode, event);
}
```


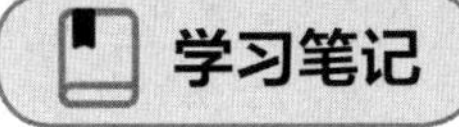

3.2.4 扩展知识

1. mipmap

mipmap 文件夹下的图标会通过 mipmap 纹理技术进行优化。在三维世界中，显示一张图的大小与摄像机的位置有关，近的地方图片实际像素就大一些，远的地方图片实际像素就会小一些，此时就要根据情况进行一些压缩，例如一张 64px×64px 的图，在近处显示出来可能是 50px×50px，在远处可能显示出来是 20px×20px。

如果只限于简单地删掉某些像素，将会使压缩后的图片损失很多细节，图片变得很粗糙，因此，图形学有很多复杂的方法来处理压缩图片的问题，使得压缩后的图片依然清晰，然而，这些计算都会耗费一定的时间。

mipmap 纹理技术是目前解决纹理分辨率与视点距离关系的最有效途径，它会先将图片压缩成很多逐渐缩小的图片，例如一张 64px×64px 的图片，会产生 64px×64px、32px×32px、16px×16px、8px×8px、4px×4px、2px×2px、1px×1px 的 7 张图片，当屏幕上需要绘制像素点为 20px×20px 的图片时，程序只是利用 32px×32px 和 16px×16px 这两张图片来计算出即将显示为 20px×20px 大小的图片，这比单独利用 64px×64px 的那张原始图片计算出来的图片效果要好得多，速度也更快。

如果你的图片要实现一些缩放的动画，使用 mipmap 存储图片，可以轻松地提供高质量图像和各种尺寸的图像。

mipmap 文件夹下，建议仅存放与启动图标和缩放动画相关的图片，而其他的图片资源等，还是按照以前的方式存放在 Drawable 文件夹下。

2. Drawable

Android 的 Drawable 为 Android 的 UI 提供了丰富多彩的显示效果。例如，View 的 src 属性、background 属性可以设置的内容就包括各式各样的 Drawable 资源文件。Drawable 文件夹下的资源可以是一张图片（JPG/PNG/BMP 等格式），还可以是一个 XML 文件。

Drawable 是一个抽象的概念，它可以被 Canvas 绘制，常见的有颜色和图片都可以是一个 Drawable。因为 Drawable 可以做出一些特殊的 UI 效果，所以对比图片来说，它的优点如下。

（1）它的使用比较简单，在 XML 里已经定义了大量的属性方法，我们只要熟悉各个属性的 UI 效果和特点就可以自己组合各种 UI 效果。

（2）它的实现成本比自定义 View 低，一些比较简单的、定制性的、重复性的 UI 效果使用 Drawable 将会减少开发成本。

（3）相比较于图片而言，Drawable 占用空间更小，这样有利于缩小 APK 文件的体积。

Drawable 的分类是比较细的，比如，Android 常用的 Drawable 有 BitmapDrawable、ShapeDrawable、LayerDrawable、ScaleDrawable、TransitionDrawable 等。

3.2.5 任务小结

本次任务我们完成了主界面静态界面的创建。通过本次学习，读者应熟练掌握相对布局 RelativeLayout 的使用。

3.3 任务 2——完成主界面功能逻辑

3.3.1 任务描述

我们已完成主界面静态界面的创建。接下来我们需要实现动态效果。单击底部导航按钮，更换图标，改变字体颜色，切换页面。通过本小节学习，我们应该掌握样式的定义、图片资源的添加方法、Fragment 的创建及使用方法。

实施步骤如下。

（1）单击底部导航按钮，正常切换选中状态。

（2）新建 Fragment。

（3）单击底部导航按钮，更换不同 Fragment。

微课视频

Android 移动应用开发中的 Fragment 的应用

3.3.2 相关知识

Fragment

Android 自 3.0 版本引入 Fragment 的概念，它可以让界面在平板电脑上更好地展示。

Fragment 是一种可以嵌入在 Activity 当中的 UI 片段，它能让程序更加合理和充分地利用大屏空间，出现的初衷是适应大屏幕的平板电脑，可以将其看成一个小型 Activity，又称作 Activity 片段。

使用 Fragment 可以把屏幕划分成几块，然后通过分组进行模块化管理。Fragment 不能够单独使用，需要嵌套在 Activity 中使用，其生命周期也受到宿主 Activity 的生命周期的影响。

从官方的定义可以看出：Fragment 依赖于 Activity，不能独立存在；一个 Activity 可以有多个 Fragment；一个 Fragment 可以被多个 Activity 重用；Fragment 有自己的生命周期，并能接收输入事件；可以在 Activity 运行时动态地添加或删除 Fragment。

Fragment 的优势：模块化（Modularity），我们不必把所有代码全部写在 Activity 中，而是把代码写在各自的 Fragment 中；可重用（Reusability），多个 Activity 可以重用一个 Fragment；可适配（Adaptability），根据硬件的屏幕尺寸、屏幕方向，能够方便地实现不同的布局，这样可以使用户体验更好。

（1）Fragment 的回调方法。

onAttach()：当 Fragment 和 Activity 关联时调用。可以通过该方法获取 Activity 引用，还可以通过 getArguments() 获取参数。

onCreate()：当 Fragment 被创建时调用。

onCreateView()：创建 Fragment 的布局。

onActivityCreated()：当 Activity 完成 onCreate() 时调用。

onStart()：当 Fragment 可见时调用。

onResume()：当 Fragment 可见且可交互时调用。

onPause()：当 Fragment 不可交互但可见时调用。

onStop()：当 Fragment 不可见时调用。

onDestroyView()：当 Fragment 的 UI 从视图结构中移除时调用。

onDestroy()：销毁 Fragment 时调用。

onDetach()：当 Fragment 和 Activity 解除关联时调用。

Fragment 生命周期状态与回调方法如图 3-6 所示。

（2）将 Fragment 添加到 Activity 的两种方式。

静态注册：以 <fragment> 标签的形式添加到 Activity 的布局当中。

动态注册：通过 Java 代码将 Fragment 添加到已存在的宿主 Activity 中。

（3）FragmentManager 和 FragmentTransaction 的分析。

FragmentManeger 是 Fragment 的管理器，主要用来对 Activity 中的 Fragment 进行管理，比如获取 Fragment 事务、执行回退栈的出栈等。它是一个抽象类，因此通常我们使用它的子类 FragmentManagerImpl。

FragmentTransaction 是 Fragment 事务类，主要用于对 Activity 中 Fragment 进行 add、remove、replace、hide、show 等操作。它是一个抽象类，通常我们使用它的子类 BackStackRecord。

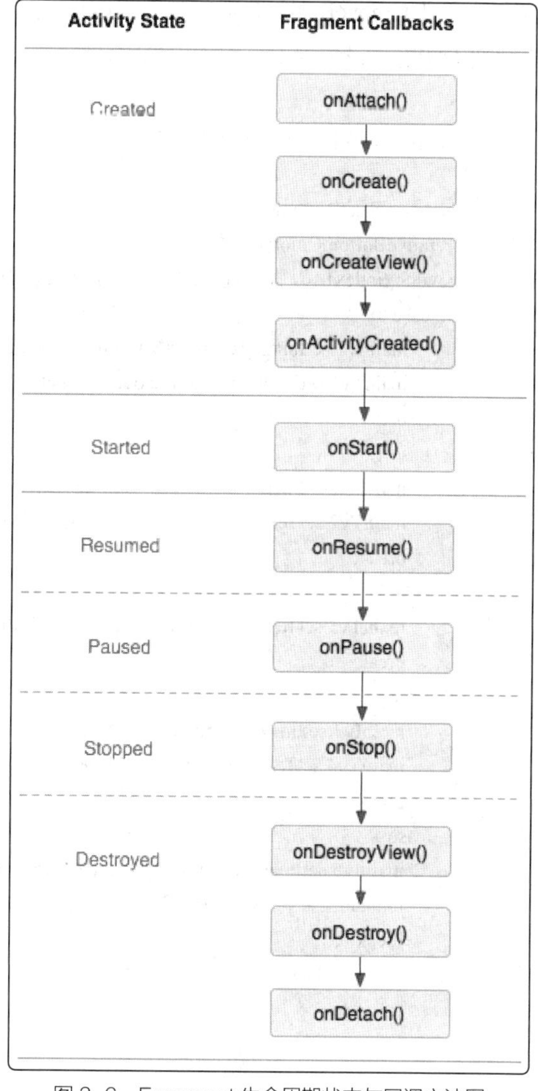

图 3-6　Fragment 生命周期状态与回调方法图

（4）关于 Android.app.Fragment 和 Android.support.v4.app.Fragment 的区别。

① Android.app.Fragment 能够兼容的操作系统的最低版本为 Android 3.0，而 Android.support.v4.app.Fragment 能够兼容的操作系统最低版本为 Android 1.6。

② 获取 FragmentManager 的方式不同，Android.support.v4.app.Fragment 通过 getSupport-Fragment Manager() 获取 FragmentManager；Android.app.Fragment 通过 getFragmentManager() 来获取 FragmentManager。

3.3.3 任务实施

◈ 步骤 01

单击底部导航按钮，正常切换选中状态。定义两个变量 index 和 currentTabIndex 分别记录单击页面索引和当前页面索引。定义 setBottomColor() 方法用来设置选中状态，定义 removeBottomColor() 方法用来清除选中状态，每次单击底部导航按钮，清除当前页面索引选中状态，设置单击页面索引选中状态。

```
/**
 * 单击底部导航按钮变为选中状态
 */
private void setBottomColor() {
    removeBottomColor();// 去除当前颜色
    switch (index) { // 根据选中的 id，设定不同选项卡的选中颜色
        case 0:
            mainIv1.setImageResource(R.mipmap.tab_home_selected);
            mainTv1.setTextColor(getResources().getColor(R.color.colorPrimary));
            break;
        case 1:
            mainIv2.setImageResource(R.mipmap.tab_activity_selected);
            mainTv2.setTextColor(getResources().getColor(R.color.colorPrimary));
            break;
        case 2:
            mainTv3.setTextColor(getResources().getColor(R.color.colorPrimary));
            break;
        case 3:
            mainIv4.setImageResource(R.mipmap.tab_dues_selected);
            mainTv4.setTextColor(getResources().getColor(R.color.colorPrimary));
            break;
        case 4:
            mainIv5.setImageResource(R.mipmap.tab_person_selected);
            mainTv5.setTextColor(getResources().getColor(R.color.colorPrimary));
            break;
    }
}

/**
 * 清除底部导航颜色
 */
private void removeBottomColor() {
    switch (currentTabIndex) { // 根据选择的 id，设定不同选项卡的颜色
        case 0:
            mainIv1.setImageResource(R.mipmap.tab_home);
            mainTv1.setTextColor(getResources().getColor(R.color.c_333333));
            break;
        case 1:
            mainIv2.setImageResource(R.mipmap.tab_activity);
            mainTv2.setTextColor(getResources().getColor(R.color.c_333333));
            break;
        case 2:
            mainTv3.setTextColor(getResources().getColor(R.color.c_333333));
            break;
        case 3:
```

```
            mainIv4.setImageResource(R.mipmap.tab_dues);
            mainTv4.setTextColor(getResources().getColor(R.color.c_333333));
            break;
        case 4:
            mainIv5.setImageResource(R.mipmap.tab_person);
            mainTv5.setTextColor(getResources().getColor(R.color.c_333333));
            break;
    }
}
```

步骤 02

主界面由 5 个 Fragment 组成，在 fragment 包内创建 ActivityFragment、FeeFragment、HomeFragment、PersonFragment、SchoolFragment。（同创建 BaseFragment。）具体如图 3-7 所示。

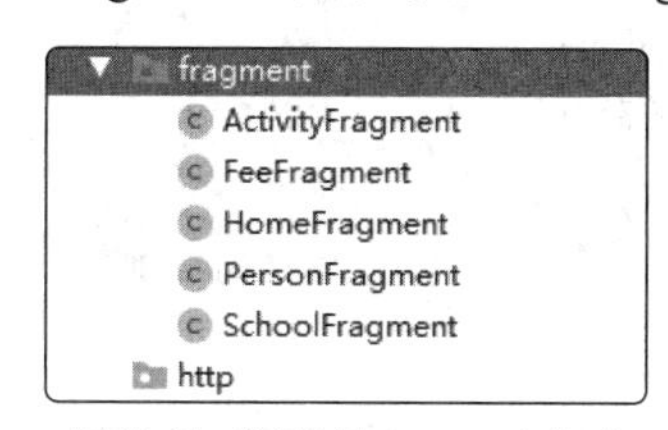

图 3-7　新建 Fragment 完成

然后将这 5 个 Fragment 添加到 MainActivity，这里我们使用动态注册的方式添加 Fragment。

（1）创建待添加的 Fragment 的实例。

（2）获取 FragmentManager，在 Activity 中可以直接调用 getSupportFragmentManager() 方法获取。

（3）开启一个事务，通过调用 beginTransaction() 方法开启。

（4）向容器内添加或替换 Fragment、需要传入容器的 id 和待添加的 Fragment 实例。

（5）提交事务，调用 commit() 方法来完成。

每次单击按钮都需要切换 Fragment，这里我们定义 fragmentControl() 方法，提取切换 Fragment 操作。定义 initData() 方法创建待添加的 Fragment 的实例，在 onCreate() 方法内调用 initData() 方法。

```
private int index = 0;// 单击页卡索引
private int currentTabIndex = -1;// 当前页卡索引
private Fragment[] fragments;

public void initData() { // 初始化数据，实例化各个 Fragment
    HomeFragment homeFragment = new HomeFragment();
    ActivityFragment activityFragment = new ActivityFragment();
    SchoolFragment schoolFragment = new SchoolFragment();
    FeeFragment feeFragment = new FeeFragment();
    PersonFragment myFragment = new PersonFragment();

    fragments = new Fragment[]{homeFragment, activityFragment, schoolFragment, feeFragment, myFragment};
    fragmentControl();// 控制 Fragment 切换变化
}
```

```
/**
 * 控制 Fragment 的切换
 */
public void fragmentControl() {
   if (currentTabIndex != index) { // 当前选中 Fragment 非索引
      setBottomColor();// 设置颜色
      FragmentTransaction trx = getSupportFragmentManager().beginTransaction();// 提交切换事件
      if (currentTabIndex != -1) { // 当前已是最后一页，自动切换为第一页
         trx.hide(fragments[currentTabIndex]);
      }
      if (!fragments[index].isAdded()) {
         trx.add(R.id.main_fl_content, fragments[index]);
      }
      trx.show(fragments[index]).commit();
      currentTabIndex = index;// 更新索引
   }
}
```


步骤 03

设置底部导航按钮点击事件，每次单击底部导航按钮时设置 index 的值，最后调用 fragmentControl() 方法去控制 Fragment 的显示和隐藏。

```
@OnClick({R.id.main_ll_1, R.id.main_ll_2, R.id.main_ll_3, R.id.main_ll_4, R.id.main_ll_5})
public void onViewClicked(View view) {
   switch (view.getId()) {
      case R.id.main_ll_1:
         // 首页
         index = 0;
         break;
      case R.id.main_ll_2:
         // 党建活动
         index = 1;
         break;
      case R.id.main_ll_3:
         // 网上党校
         index = 2;
         break;
      case R.id.main_ll_4:
         // 我的党费
         index = 3;
         break;
      case R.id.main_ll_5:
         // 个人中心
         index = 4;
         break;
   }
   fragmentControl();
}
```

重新运行程序，可以看到和之前相同的界面，然后单击导航按钮，具体切换效果如图 3-8、图 3-9 所示。

图 3-8　单击“首页”按钮

图 3-9　单击“党建活动”按钮

3.3.4 扩展知识

1. BottomNavigationView

BottomNavigationView 是一个专门用于制作底部导航的 View，你只需要在新建 Activity 的时候选择“Bottom Navigation Activity”，Android Studio 就会自动使用 BottomNavigationView 并帮你生成相应的代码。

基本配置如下。

（1）依次添加以下依赖。

项目中依赖：implementation 'com.android.support:design:28.0.0-rc02'。

最新依赖：compile 'com.android.support:design:+'（容易出错，依赖冲突）。

指定依赖：compile 'com.android.support:design:26.1.0'。

（2）添加布局。


```
<android.support.design.widget.BottomNavigationView
    android:id="@+id/bnv_menu"
    android:layout_width="match_parent"
    android:layout_height="wrap_content"
    android:layout_gravity="center"
    app:itemBackground="@color/colorPrimary"
    app:itemIconTint="@drawable/main_bottom"
    app:itemTextColor="@drawable/main_bottom"/>
```


（3）属性说明。

itemBackground：设置导航栏的背景颜色。

itemIconTint：设置导航栏中图片的颜色。

itemTextColor：设置导航栏中文字的颜色。

2. RadioGroup + ViewPager

这是一种比较常见的组合，单击界面下方的 4 个导航按钮，可以切换不同的页面。在页面中又使用了 ViewPager + Fragment 的组合，实现了页面的滑动效果。也可以不使用 ViewPager，这个根据产品的定义来使用即可。

为配合 Fragment，需要为 ViewPager 编写适配器，使用 addOnPageChangeListener() 添加监听页面变动的事件，在 onPageSelected(int position) 方法中修改 RadioGroup 中 RadioButton 的选中状态。

在 RadioGroup 中设置 setOnCheckedChangeListener() 监听，并在其中修改 ViewPager 的状态。重点在 RadioButton 的如下属性。

（1）android:button= "@null"，隐藏 RadioButton 默认的图标。

（2）android:background= "@drawable/top_r_bg"，设置背景，实际上是 1 个选择器。

（3）android:textColor= "@drawable/top_r_text"，设置文字色彩，它也是 1 个选择器。

对第 2 个 RadioButton 设置 android:layout_marginLeft 属性为“1dp”，保持和描边宽度一样，避免出现间隙。

3.3.5 任务小结

本次任务我们完成了主界面功能逻辑的实现。通过本次学习，读者应熟练掌握样式的定义、图片资源的添加方法、Fragment 的创建及使用方法。

3.4 单元小结

本学习单元学习如何使用 ButterKnife 插件实现 Java 对象与控件的绑定，简化开发代码，重点讲解了 Fragment 的使用与注意事项，讲解了返回键单击事件的实现方法与原理，并将资源放置在 mipmap 或 drawable 文件夹下。

学习单元04 编辑流动党员之家注册页

04

4.1 单元概述

本学习单元介绍如何使用基本控件完成流动党员之家注册页表单界面的创建，学习配置使用okhttp、Gson完成注册接口调试。完成本单元学习，读者应可以创建常用表单页面，可以对表单进行提交。建议读者在进行接口调试时反复测试，发扬不断钻研的奋斗精神，培养精益求精、吃苦耐劳的工匠精神。

表4-1 工作任务单

<table>
<tr><td>任务名称</td><td>Android 项目开发实践</td><td>任务编号</td><td>04</td></tr>
<tr><td>子任务名称</td><td>完成注册页</td><td>完成时间</td><td>60min</td></tr>
<tr><td>任务描述</td><td colspan="3">结合注册页的搭建学习接口调试的相关知识</td></tr>
<tr><td rowspan="4">任务要求</td><td colspan="3">完成注册页创建</td></tr>
<tr><td colspan="3">完成注册页逻辑实现</td></tr>
<tr><td colspan="3">完成网络请求配置及封装</td></tr>
<tr><td colspan="3">完成注册页网络请求实现</td></tr>
<tr><td>任务环境</td><td colspan="3">Android Studio 开发工具，雷电模拟器</td></tr>
<tr><td>任务重点</td><td colspan="3">通过本次学习应该掌握 okhttputils 的配置及使用方法，掌握返参实体类的创建方法，掌握接口调试方法</td></tr>
<tr><td>任务准备</td><td colspan="3">创建完成的 Party 项目</td></tr>
<tr><td>任务工作流程</td><td colspan="3">先新建注册页，完成注册页静态界面的创建，然后根据需要进行判空逻辑处理，最后调试发送验证码接口、注册接口，将注册信息提交给后台</td></tr>
<tr><td rowspan="3">任务评价标准</td><td colspan="3">页面创建是否和 UI 效果图一致</td></tr>
<tr><td colspan="3">判空逻辑是否有效</td></tr>
<tr><td colspan="3">注册信息是否正确提交给后台</td></tr>
<tr><td>知识链接</td><td colspan="3">1. 控件
2. Android 中 shape 标签
3. Android 的资源引用（字符串、颜色、尺寸、数组）
4. 验证码应用
5. Android CountDownTimer 的使用
6. this
7. 重载
8. Android 主流网络请求框架
9. 对话框（Dialog）
10. 弹框（PopupWindow）
11. Android Bean
12. 权限
13. 权限组</td></tr>
</table>

4.1.1 知识目标

（1）了解基本控件 TextView 的使用方法。
（2）了解基本控件 EditText 的使用方法。
（3）了解 okhttputils 的使用方法。
（4）了解 Gson 的使用方法。

4.1.2 技能目标

（1）掌握 TextView 的使用方法。
（2）掌握 EditText 的使用方法。
（3）掌握 okhttputils 的使用方法。
（4）掌握 Gson 的使用方法。

4.2 任务 1——完成注册页创建

4.2.1 任务描述

我们已完成了基础页面的创建和主界面的创建，接下来我们将开始学习注册页的创建。注册页需要输入个人基本信息、验证手机号等。

通过本次学习我们应该熟练掌握 TextView 控件、EditText 控件的使用方法，熟练掌握控件样式的创建方法。

实施步骤如下。

（1）新建注册页。
（2）修改配置文件 AndroidManifest.xml，修改主 Activity。
（3）定义公共样式，创建注册页的界面布局 activity_register。

任务完成效果图如图 4-1 所示。

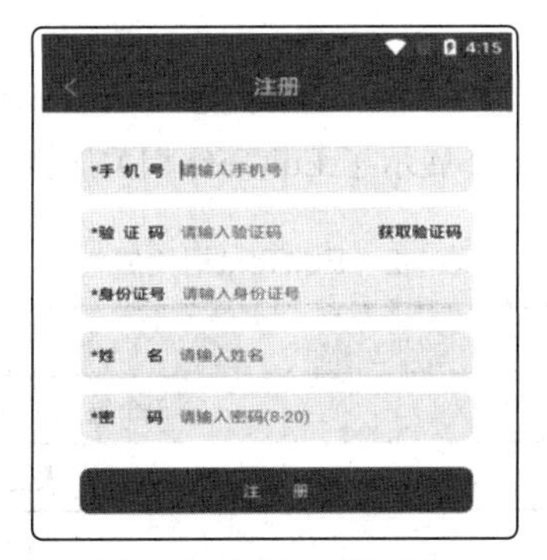

图 4-1 任务完成效果图

4.2.2 相关知识

控件

控件的基本属性和使用方法如下。

（1）TextView 相关属性。

① android:textColor= "#000" 表示文字的颜色。

颜色可以写一个 "#000" 形式的属性值，再单击 Android Studio 编辑界面左侧行号旁边的颜色显示方块，通过弹出来的颜色选择器对颜色进行选择。

当设置的颜色为系统提供的 Color 资源内的颜色时，如 "@color/colorAccent"，将不能通过此方法改变颜色值（单击无效）。

② android:textSize= "20sp" 表示文字的大小。

建议字体单位为 sp，默认情况下，1sp 和 1dp 的大小是一样的。在 Android 手机中可以通过系统设置调整字体的大小，以 sp 为单位的字体会随着系统设置的字体的大小变化而变化，而以 dp 为单位的字体不会变。（某些特殊的情况下会用 dp 作为单位表示字体大小。）

③ android:gravity= "center" 表示 TextView 中的文字相对于 TextView 的对齐方式。

④ android:background= "#ccc" 表示 TextView 的背景颜色。

⑤ 为 TextView 中的文字设置链接，android:autoLink= "web" 表示自动识别文本中的链接。

⑥ android:singleLine= "true" 表示 TextView 内容只显示单行。

⑦ 行数属性。

android:lines= "2" 表示不管文字内容多长都显示两行；

android:lines= "1" 表示不管文字内容多长都显示一行；

android:maxLines= "2" 表示超过两行只显示两行。

⑧ 省略号显示属性。

android:ellipsize= "end" 表示省略号显示在结尾；

android:ellipsize= "middle" 表示省略号显示在中间。

省略号显示属性的值设置为 middle 时，只针对单行有效，如果行数属性的值设置为多行，该属性将没有效果。

⑨ 文本可选择复制。

android:textIsSelectable= "true" 表示可选择复制。该属性的值默认为 false。

（2）EditText 相关属性。

EditText 输入的文字样式部分的属性，基本是和 TextView 中的属性一样的。除此之外，EditText 还有自己独特的属性。表 4-2 展示了 EditText 相关属性。

表4-2 EditText相关属性

属性	说明
text	前 3 个输入的字符为普通字符
textCapCharacters	大写字符
none	普通字符

续表

属性	说明
textCapSentences	字符串中的第一个字母大写
textCapWords	字符串中的每个单词的首字母都大写
textMultiLine	多行输入
textImeMultiLine	使用输入法输入时提供多行输入支持
textUri	URI
textShortMessage	短消息
textShortMessage	长消息
textEmailAddress	电子邮件地址
textEmailSubject	邮件主题
textPostalAddress	邮政地址
textPersonName	姓名
textPassword	不可见密码
textVisiblePassword	可见密码
textFilter	文本筛选
textWebEditText	作为网页表单的文本
number	数字
numberSigned	有符号数字
numberDecimal	浮点数
textPhonetic	拼音输入
phone	拨号
date 或者 datetime	日期或日期时间
time	时间
textAutoCorrect	自动更正
textAutoComplete	自动完成
textNoSuggestions	不进行提示

4.2.3 任务实施

微课视频

App 注册页搭建

◈ 步骤 01

右击 activity 包，在快捷菜单中选择“Empty Activity”，创建 RegisterActivity，将其修改为继承 BaseActivity，修改布局，调用父类方法设置标题返回键和标题。

```
public class RegisterActivity extends BaseActivity {

    @Override
    protected void onCreate(Bundle savedInstanceState) {
        super.onCreate(savedInstanceState);
        setBaseContentView(R.layout.activity_register);
```

```
        setIvBack();
        setTvTitle(" 注册 ");
    }
}
```

步骤 02

修改配置文件 AndroidManifest.xml，将 RegisterActivity 设置为主 Activity，方便运行程序查看搭建的布局是否符合要求。

```
<manifest xmlns:Android="http://schemas.Android.com/apk/res/Android"
    package="com.systop.party">

    <application
        Android:name=".base.MyApplication"
        Android:allowBackup="true"
        Android:icon="@mipmap/ic_launcher"
        Android:label="@string/app_name"// 标签
        Android:roundIcon="@mipmap/ic_launcher_round"
        Android:supportsRtl="true"
        Android:theme="@style/AppTheme">// 主题
        <activity Android:name=".activity.RegisterActivity">
            <intent-filter>// 设置为空白页
                <action Android:name="Android.intent.action.MAIN" />

                <category Android:name="Android.intent.category.LAUNCHER" />
            </intent-filter>
        </activity>
        <activity Android:name=".base.BaseActivity" />// 声明其他 Activity
        <activity Android:name=".activity.MainActivity">
        </activity>
    </application>

</manifest>
```

步骤 03

编辑 activity_register.xml。从整体来看，控件是垂直摆放的，我们可以选择垂直线性布局或相对布局，这里我们选择垂直线性布局。第一行由一个显示红色星号的 TextView、一个显示“手机号”的 TextView、一个输入手机号的 EditText 组成，水平摆放，所以第一行我们可以用水平线性布局。由图 4-1 所示的图可以看出，每一行的布局样式几乎一样，为减少代码重复，我们可以定义样式或者使用嵌套的 ListView，这里我们使用样式。

先编写单行线性布局背景。打开 value 目录的 color 文件中添加背景颜色值。

```
<color name="bg_edt">#F2F2F2</color>
```

（1）创建圆角背景图。

将 color 属性设置为 @color/bg_edt，选择 res\drawable 目录存放输入框的背景。添加形状为方形、圆角为 8dp、颜色为灰色的背景形状。

```
<?xml version="1.0" encoding="utf-8"?>
<shape xmlns:Android="http://schemas.Android.com/apk/res/Android"
    Android:shape="rectangle">
    <corners Android:radius="@dimen/dp_8" />
    <solid Android:color="@color/bg_edt" />
</shape>
```

（2）定义公共样式。

定义单行线性布局样式、TextView 样式、EditText 样式。打开 value 目录下的 style 文件，编写如下代码。

```
<!-- 注册 -->
<style name="edt_ll">
   <item name="Android:layout_width">match_parent</item>
   <item name="Android:layout_height">wrap_content</item>
   <item name="Android:gravity">center_vertical</item>
   <item name="Android:paddingLeft">@dimen/marginM</item>
   <item name="Android:paddingRight">@dimen/marginM</item>
   <item name="Android:paddingTop">@dimen/margin</item>
   <item name="Android:paddingBottom">@dimen/margin</item>
   <item name="Android:background">@drawable/bg_ll_edt</item>
</style>

<style name="edt_tv">
   <item name="Android:textColor">@color/c_333333</item>
   <item name="Android:textSize">@dimen/tvM</item>
</style>
```

打开 value 目录下的 string 文件，添加如下代码。

```
<string name="phone"> 手    机    号 </string>
<string name="code"> 验    证    码 </string>
<string name="getCode"> 获取验证码 </string>
<string name="idcard"> 身份证号 </string>
<string name="name"> 姓          名 </string>
<string name="psw"> 密          码 </string>
<string name="register"> 注          册 </string>
```

打开 activity_register.xml 文件，编写如下代码。

```
<LinearLayout xmlns:Android="http://schemas.Android.com/apk/res/Android"// 根布局为线性布局
   xmlns:app="http://schemas.Android.com/apk/res-auto"
   xmlns:tools="http://schemas.Android.com/tools"
   Android:layout_width="match_parent"
   Android:layout_height="match_parent"
   Android:background="@Android:color/white"
Android:orientation="vertical"
   Android:padding="@dimen/dp_30"
   tools:context="com.systop.party.activity.RegisterActivity">

   <LinearLayout// 嵌套线性布局，应用公共样式
      style="@style/edt_ll"
      Android:layout_marginBottom="@dimen/margin"
      Android:orientation="horizontal">

      <TextView
         Android:layout_height="wrap_content"
         Android:layout_width="wrap_content"
         Android:text="*"
         Android:textColor="@color/colorPrimary"
         Android:textSize="@dimen/tvM" />

      <TextView
         style="@style/edt_tv"
```

```
        Android:layout_height="wrap_content"
        Android:layout_marginRight="@dimen/margin"
        Android:layout_width="wrap_content"
        Android:text="@string/phone" />

      <EditText
        style="@style/edt_tv"// 手机号输入框
        Android:background="@Android:color/transparent"
        Android:hint=" 请输入手机号 "
        Android:id="@+id/register_edt_phone"
        Android:inputType="phone"
        Android:layout_height="wrap_content"
        Android:layout_width="match_parent"
        Android:singleLine="true" />
    </LinearLayout>
  </LinearLayout>
```

完成以上代码编写后，单击运行按钮，即可看到图 4-2 所示效果。

图 4-2　单行布局效果

4.2.4 扩展知识

1. Android 中 shape 标签

Android 中的 shape 子标签包括 corners、solid、gradient、stroke、size、padding。

（1）corners 和 solid。

<corners> 标签是用来定义圆角的，其中 radius 与其他 4 个不能共同使用。

```
<corners  //定义圆角
Android:radius="dimension"    //全部的圆角半径
Android:topLeftRadius="dimension"  //左上角的圆角半径
Android:topRightRadius="dimension" //右上角的圆角半径
Android:bottomLeftRadius="dimension"  //左下角的圆角半径
Android:bottomRightRadius="dimension" />  //右下角的圆角半径
```

<solid> 标签用以指定内部填充色，它只有一个属性：<solid Android:color= "color" />。

（2）gradient。

<gradient> 标题用以定义渐变色，可以定义两色渐变和三色渐变及渐变类型。它有 3 种渐变类型，分别是 linear（线性渐变）、radial（放射性渐变）、sweep（扫描式渐变）。

```
<gradient
  Android:type=["linear" | "radial" | "sweep"]  //共有 3 种渐变类型：线性渐变（默认）、放射性渐变、扫描式渐变
  Android:angle="integer"   //渐变角度，必须为 45 的倍数，0 为从左到右，90 为从上到下
  Android:centerX="float"   //渐变中心 X 的相对位置，范围为 0 ~ 1
  Android:centerY="float"   //渐变中心 Y 的相对位置，范围为 0 ~ 1
  Android:startColor="color"  //渐变开始点的颜色
  Android:centerColor="color" //渐变中间点的颜色，在开始点与结束点之间
  Android:endColor="color"   //渐变结束点的颜色
  Android:gradientRadius="float" //渐变的半径，只有当渐变类型为 radial 时才能使用
  Android:useLevel=["true" | "false"] />  //使用 LevelListDrawable 时就要设置为 true，设为 false 时才有
渐变效果
```

LevelListDrawable 对应于 <level-list> 标签，它表示一个 Drawable 集合，集合中的每个 Drawable 都有一个等级（level）的概念。根据不同的等级，LevelListDrawable 会切换为对应的 Drawable。

（3）stroke。

<stroke> 标签可以定义描边的宽度、颜色、虚实线等。

```
<stroke
  Android:width="dimension"  //描边的宽度
  Android:color="color"  //描边的颜色
  //以下两个属性设置虚线
  Android:dashWidth="dimension"  //虚线的宽度，值为 0 时是实线
  Android:dashGap="dimension" />   //虚线的间隔
```

（4）size 和 padding。

<size> 标签和 <padding> 标签基本上不怎么用，因为它们所具有的功能，控件本身也能实现。<size> 标签是用来定义图形的大小的。<padding> 标签用来定义控件本身的内容与控件边缘的距离。

上面我们讲了 shape 的子标签的作用，但 shape 本身还没讲。shape 自己是可以定义当前 shape 的形状的，比如矩形、椭圆形、线形和环形，这些都是通过 <shape> 标签的 shape 属性来定义的。shape 属性包括 rectangle、oval、line、ring。

2. Android 的资源引用（字符串、颜色、尺寸、数组）

Android 资源可以分为两大类。

（1）无法通过 R 资源清单类访问的原生资源，保存在 assets 目录下面。

（2）可通过 R 资源清单类访问的资源，保存在 res 目录下面，R 资源清单类为 res 目录下面所有的资源创建索引。

Resources 类被称为“Android 的资源访问的总管家”，由 Context 调用 getResources() 方法来获取，提供了大量的方法来根据资源清单 id 获取资源。主要提供两类方法。

（1）get×××(int id)：根据资源清单 id 来获取实际资源。

（2）getAssets()：访问 assets 目录下面资源的 AssetManager 对象。

字符串（/res/values/string.xml R.string）。

```
<resources>
  <string name="app_name">summary2</string>
  <string name="color">color</string>
</resources>
```

在 Java 代码中引用的格式为“R.string.”。

在 XML 文件上的格式为“@string/”。

颜色（/res/values/colors.xml R.colors）。

```
<?xml version="1.0" encoding="utf-8"?>
<resources>
  <color name="colorPrimary">#3F51B5</color>
  <color name="colorPrimaryDark">#303F9F</color>
  <color name="colorAccent">#FF4081</color>
</resources>
```

在 Java 代码中引用的格式为“R.color.”。

在 XML 文件上的格式为“@color/”。

尺寸（/res/values/dimens.xml R.dimen）。

```
<?xml version="1.0" encoding="utf-8"?>
<resources>
  <dimen name="spance">8dp</dimen>
  <dimen name="cell_width">10dp</dimen>
</resources>
```

在 Java 代码中引用的格式为“R.dimen.”。

在 XML 文件上的格式为“@dimen/”。

数组（/res/values/arrays.xml R.array）。

```
<?xml version="1.0" encoding="utf-8"?>
<resources>
  <array name="p">
    <item>@string/color</item>
    <item>@string/aa</item>
    <item>@string/app_name</item>
```

```
    </array>
</resources>
```

在 Java 代码中引用的格式为“String []test=this.getResources().getStringArray(R.array.p);”。

4.2.5 任务小结

本次任务我们完成了注册页的创建。通过本次学习读者应熟练掌握 TextView 控件、EditText 控件的使用方法，熟练掌握控件样式的创建方法。

4.3 任务 2——完成注册页逻辑实现

4.3.1 任务描述

我们已完成注册页的创建，接下来我们将完成注册页逻辑实现，其中包含控件初始化、倒计时 60s 获取验证码、单击注册按钮的判空处理等。

实施步骤如下。

（1）使用 ButterKnife 初始化控件及点击事件。

（2）获取验证码。

（3）对表单进行判空处理。

4.3.2 相关知识

验证码应用

为了防止恶意破解、恶意提交等行为，我们在提交表单数据时会使用随机验证码功能。

验证码一个最基本的作用就是防止恶意暴力破解登录，防止不间断的登录尝试，事实上能够在 server 端对该终端进行登录间隔检测，并且本地验证码能够减轻 server 端的压力。我们将使用自定义的 View 来实现一个简易本地验证码。

4.3.3 任务实施

微课视频

App 注册界面逻辑实现

◈ 步骤 01

打开 RegisterActivity.java，将鼠标指针放在布局文件名上，按 Alt+Insert 组合键，选择“Generate Butterknife Injections”，通过该插件初始化控件及单击事件，如图 4-3 所示。

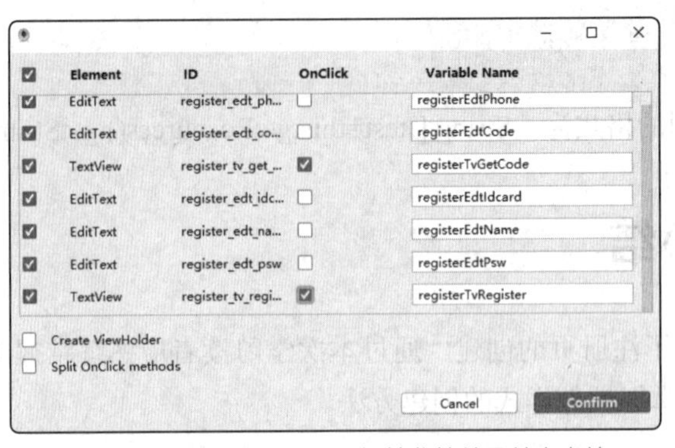

图 4-3　使用 ButterKnife 初始化控件及单击事件

◈ 步骤 02

获取验证码，需要实现：单击“获取验证码”按钮，控件文字变成 60s 的倒计时，倒计时结束后控件文字变成“重新获取”。在 utils 包里新建 CountDownTimerUtils 倒计时按钮工具类。单击“获取验证码”按钮时调用 CountDownTimerUtils 的构造方法和 CountDownTimer 的 start() 方法，启动计时器。


```
public class CountDownTimerUtils extends CountDownTimer {

    private TextView mTextView;

    public CountDownTimerUtils(TextView textView, long millisInFuture, long countDownInterval) {
        super(millisInFuture, countDownInterval);
        this.mTextView = textView;
    }

    @Override
    public void onTick(long millisUntilFinished) {
        mTextView.setClickable(false); // 设置不可单击
        mTextView.setText(millisUntilFinished / 1000 + " s");  // 设置倒计时时间
    }

    @Override
    public void onFinish() {
        mTextView.setText(" 重新获取 ");
        mTextView.setClickable(true);// 重新设置为可单击
    }

}
```

◈ 步骤 03

对表单进行判空处理。单击“获取验证码”按钮时判断手机号是否为空、手机号是否为 11 位。单击“注册”按钮分别判断;手机号是否为空,是否为 11 位；验证码是否为空；身份证号是否为空，是否为 18 位；姓名是否为空；密码是否为空，是否为 8 ～ 20 位。判空使用 TextUtils.isEmpty()，提示使用父类中定义好的 showMessage() 方法。

在 value 目录下的 string 文件中添加提示语。

```
<string name="phone_error"> 请输入正确手机号 </string>
<string name="idcard_error"> 请输入正确身份证号 </string>
<string name="psw_error"> 密码至少 8 位 </string>
```

判空代码实现如下。

```
public class RegisterActivity extends BaseActivity {
  // 绑定控件
  @BindView(R.id.register_edt_phone)
  EditText registerEdtPhone;
  @BindView(R.id.register_edt_code)
  EditText registerEdtCode;
  @BindView(R.id.register_tv_get_code)
  TextView registerTvGetCode;
  @BindView(R.id.register_edt_idcard)
  EditText registerEdtIdcard;
  @BindView(R.id.register_edt_name)
  EditText registerEdtName;
  @BindView(R.id.register_edt_psw)
  EditText registerEdtPsw;
  @BindView(R.id.register_tv_register)
  TextView registerTvRegister;

  @Override
  protected void onCreate(Bundle savedInstanceState) {
    super.onCreate(savedInstanceState);
    setBaseContentView(R.layout.activity_register);// 绑定布局文件
    setIvBack();
    setTvTitle(" 注册 ");
  }

  @OnClick({R.id.register_tv_get_code, R.id.register_tv_register})
  public void onViewClicked(View view) { // 点击事件
    switch (view.getId()) {
      case R.id.register_tv_get_code:
        // 获取验证码
        String phone = registerEdtPhone.getText().toString().trim();
        if (TextUtils.isEmpty(phone)) {
          showMessage(registerEdtPhone.getHint().toString());
        } else if (phone.length() != 11) {
          showMessage(getString(R.string.phone_error));
        } else {
            CountDownTimerUtils mCountDownTimerUtils = new CountDownTimerUtils(registerTvGetCode,
60000, 1000);
          mCountDownTimerUtils.start();
        }
        break;
      case R.id.register_tv_register:
        // 注册
        if (!isEmpty()) {

        }
        break;
    }
  }

  private boolean isEmpty() { // 判断输入号码是否为空
    String phone = registerEdtPhone.getText().toString().trim();// 去除多余空格
    if (TextUtils.isEmpty(phone)) { // 提示输入电话号码
```

```
            showMessage(registerEdtPhone.getHint().toString());
            return true;
        }
        if (phone.length() != 11) { // 电话号码不为 11 位
            showMessage(getString(R.string.phone_error));
            return true;
        }
        if (TextUtils.isEmpty(registerEdtCode.getText())) { // 验证码提示
            showMessage(registerEdtCode.getHint().toString());
            return true;
        }
        String idcard = registerEdtIdcard.getText().toString().trim();// 去除多余空格
        if (TextUtils.isEmpty(registerEdtIdcard.getText())) {
            showMessage(registerEdtIdcard.getHint().toString());
            return true;
        }
        if (idcard.length() != 18) { // 身份证不为 18 位
            showMessage(getString(R.string.idcard_error));
            return true;
        }
        if (TextUtils.isEmpty(registerEdtName.getText())) {
            showMessage(registerEdtName.getHint().toString());
            return true;
        }
        String psw = registerEdtPsw.getText().toString().trim();
        if (TextUtils.isEmpty(psw)) {
            showMessage(registerEdtPsw.getHint().toString());
            return true;
        }
        if (psw.length() < 8) {
            showMessage(getString(R.string.psw_error));
            return true;
        }
        return false;
    }
}
```

学习笔记

4.3.4 扩展知识

Android CountDownTimer 的使用

官方提供的用法如下。

```
new CountDownTimer(30000, 1000) {

    public void onTick(long millisUntilFinished) {
        mTextField.setText("seconds remaining: " + millisUntilFinished / 1000);
    }

    public void onFinish() {
        mTextField.setText("done!");
    }
}.start();
```

创建 CountDownTimer 实例之后，必须通过 start() 方法将计时器开启，才能保证 CountDown Timer 运行。CountDownTimer 还提供了 cancel() 方法，可以将计时器取消。

在使用 CountDownTimer 时，必须实现两个方法：onTick() 和 onFinish()。

onTick(long millisUntilFinished) 方法中的参数 millisUntilFinished 是倒计时的剩余时间。在倒计时结束后会调用 onFinish() 方法，倒计时结束后需要执行的操作可以写在 onFinish() 方法中。

CountDownTimer(30000, 1000) 中的 30000，表示倒计时时间为 30s，1000 表示每隔 1s 调用一次 onTick() 方法。

4.3.5 任务小结

本次任务我们完成了注册页逻辑实现。通过本次学习读者应熟练掌握表单提交页的创建及表单数据的验证。

4.4 任务 3——完成网络请求配置及封装

4.4.1 任务描述

在 Android 开发中，网络请求是必不可少的，我们需要调用后台接口去获取信息，也需要调用接口提交信息，选择优秀的网络请求框架，有助于我们高效开发。这里我们选择 okhttputils，在学习单元 02 中我们已经添加了相关库的依赖。本任务我们学习网络请求配置，同时为了更好的用户体验，我们还会添加网络请求等待框，最后自定义网络请求回调，并对网络请求进行封装。

实施步骤如下。

（1）添加网络请求基本配置。

（2）新建网络请求等待框。

（3）自定义网络请求回调。

（4）根据需求封装网络请求。

4.4.2 相关知识

1. this

this 是 Java 的一个关键字，表示某个对象，this 可以出现在实例方法和构造方法中，但不可出现在类方法中。实例方法可以操作类的成员变量，当实例的成员变量在实例方法中出现时，默认格式是：this. 成员变量。

this 关键字的作用如下。

（1）强调本类中的方法。

（2）表示类中的属性。

（3）可以使用 this 调用本类中的构造方法。

（4）表示当前对象。

2. 重载

在 Java 中，同一个类中的 2 个或 2 个以上的方法可以有相同的名字，只要它们的参数声明不同即可。在这种情况下，方法就被称为重载（overloaded），这个过程被称为方法重载（method overloading）。方法重载是 Java 实现多态性的一种方式。

当一个重载方法被调用时，Java 用参数的类型和（或）数量来表明实际调用的重载方法的版本。因此，每个重载方法的参数的类型和（或）数量必须是不同的。虽然每个重载方法可以有不同的返回类型，但返回类型并不足以区分所使用的是哪个方法。当 Java 调用一个重载方法时，会执行与参数匹配的方法。

4.4.3 任务实施

微课视频

网络请求回调封装

◈ 步骤 01

添加网络请求基本配置。在 MyApplication.java 文件中添加 okhttp 配置，并在 onCreate() 中调用。

```
    // 保存在 SharedPreferences 中
    private void setOkHttp() {
      ClearableCookieJar cookieJar = new PersistentCookieJar(new SetCookieCache(), new SharedPrefs
CookiePersistor(getApplicationContext()));
        OkHttpClient okHttpClient = new OkHttpClient.Builder()
                .connectTimeout(10000L, TimeUnit.MILLISECONDS)
                .readTimeout(30000L, TimeUnit.MILLISECONDS)
//                .addInterceptor(new LoggerInterceptor("OkHttpLogTAG"))
//                .cookieJar(cookieJar)
                .build();
        OkHttpUtils.initClient(okHttpClient);
    }
```

◈ 步骤 02

网络请求为耗时操作，我们这里添加等待框。

在 view 包中新建 MyProgressDialog，继承 Dialog，实现两个构造方法。继承 Dialog 需要实现的方法如图 4-4 所示。

图 4-4　继承 Dialog 需要实现的方法

设置 Dialog 的样式和布局。在 value 目录下的 style 文件中添加相关属性。

```
<!-- 等待框 -->
<style name="DialogTheme" parent="@Android:style/Theme.Dialog">
  <item name="Android:windowFrame">@null</item>
  <item name="Android:windowNoTitle">true</item>
  <!-- 去掉 Dialog 标题 -->
  <item name="Android:windowIsFloating">true</item>
  <!-- 设置是否悬浮 -->
  <item name="Android:windowContentOverlay">@null</item>
  <item name="Android:windowCloseOnTouchOutside">false</item>
  <item name="Android:windowBackground">@Android:color/transparent</item>
</style>
```

在 drawable 目录下添加 loading.gif 资源。这里我们使用第三方框架加载动画，在 app 目录下的 build.gradle 中添加如下依赖，并同步项目。

```
implementation 'pl.droidsonroids.gif:Android-gif-drawable:1.1.+'
```

在 res\layout 目录下新建 dialog_progress.xml 文件。

```
<?xml version="1.0" encoding="utf-8"?>
<LinearLayout xmlns:Android="http://schemas.Android.com/apk/res/Android"
  Android:layout_width="match_parent"
  Android:gravity="center"
  Android:layout_height="match_parent">

  <pl.droidsonroids.gif.GifImageView
    Android:layout_width="@dimen/dp_45"
    Android:layout_height="@dimen/dp_45"
    Android:src="@drawable/loading" />
</LinearLayout>
```

在 MyProgressDialog 中调用样式和布局。

```
public class MyProgressDialog extends Dialog {

    public MyProgressDialog(Context context) {
        this(context, R.style.DialogTheme);
    }

    public MyProgressDialog(Context context, int themeResId) {
        super(context, themeResId);
        setContentView(R.layout.dialog_progress);
        this.setCancelable(false);
    }
}
```

◈ 步骤 03

在 http 包内新建 MyStringCallback 类，使其继承 Callback<String>，按 Alt+Enter 组合键实现其需要实现的方法，如图 4-5 所示。

图 4-5　继承 Callback<String> 需要实现的方法

对 MyStringCallback 进行编辑。

分别定义 onSuccess() 方法、onOther() 方法、onError() 方法、构造方法、弹框消失方法 dismissDialog() 等。

onResponse(String response, int id) 方法对后台服务器返回的数据进行处理，在进行前后端数据传输时，可以协商统一的数据格式，确定状态码的含义。例如，状态码为“200”代表成功，这种情况我们调用自己定义的 onSuccess() 方法；状态码为其他数值时，我们调用 onOther() 方法，同时抛出异常，防止出现问题。

onError(Call call, Exception e, int id) 方法，当接口调用失败时，在此方法中我们调用我们自定义的 onError() 方法。

通过构造方法传入 activity、isShowLoading。isShowLoading 表示是否显示等待框。在构造方法中判断是否显示等待框，若需要显示，初始化等待框。

对 onOther() 方法和 onError() 方法统一做提示处理，提示使用工具 ToastUtils；为 onError() 方法添加输出错误信息方法，使用工具类 LoggerUtil 输出。

代码实现如下。

```
public class MyStringCallback extends Callback<String> { // 返回数据处理类
    private Activity activity; // 调用对应的 activity
    private MyProgressDialog myProgressDialog;
    private boolean isShowLoading;

    public MyStringCallback(Activity activity) {
        this(activity, true);
    }

    public MyStringCallback(Activity activity, boolean isShowLoading) {
        this.activity = activity;
        this.isShowLoading = isShowLoading;
        if (isShowLoading && activity != null && activity.getWindow() != null) {
            myProgressDialog = new MyProgressDialog(activity);
            myProgressDialog.show();
        }
    }

    @Override
    public String parseNetworkResponse(Response response, int id) throws Exception { // 解析网络数据方法
        return response.body().string();
    }

    @Override
    public void onError(Call call, Exception e, int id) { // 发生错误方法
        dismissDialog();
        LoggerUtil.e("===onError--", e);
        onError(e.getMessage());
    }

    @Override
    public void onResponse(String response, int id) { // 自动接收数据处理方法
        dismissDialog();
        LoggerUtil.d(activity.getLocalClassName() + response);// 日志处理
        if (TextUtils.isEmpty(response)) {
            ToastUtils.getInstance(activity).showMessage(" 返回信息为空 ");
        } else {
            try {
                JSONObject o = new JSONObject(response); 实例化 JSON 对象
                int status = o.getInt("status");
                String msg = "";
                if (!o.isNull("msg")) {
                    msg = o.getString("msg");
                }
                if (status == 200) { // 网络请求成功
                    onSuccess(response);
                } else {
                    onOther(response, status, msg);
                }
            } catch (Exception e) { // 处理异常
                e.printStackTrace();
                onError(e.getMessage());
                ToastUtils.getInstance(activity).showMessage(" 解析异常！ ");
            }
```

```
        }
    }

    public void onSuccess(String response) { // 成功返回数据
    }

    public void onOther(String response, int status, String message) {
        ToastUtils.getInstance(activity).showMessage(message);
    }

    public void onError(String error) {
        ToastUtils.getInstance(activity).showMessage(error);
    }

    public void dismissDialog() {
        if (myProgressDialog != null && isShowLoading) {
            myProgressDialog.dismiss();
        }
    }
}
```


步骤 04

对请求方法进行封装。新建 CommonOkhttp，对入参、出参进行输出，方便查错。这个项目汉字需要使用 UTF-8 编码方式传参，这里我们定义 execute() 和 execute8() 方法。

微课视频

网络请求请求 OkHttpUtils 封装

代码实现如下。

```
public class CommonOkhttp { // 对请求方法进行封装，对入参、出参进行输出，方便查错

    public CommonOkhttp() {
    }

    public void execute(String url, Map<String, String> map, MyStringCallback callback) {
        PostFormBuilder builder = OkHttpUtils.post();
        LoggerUtil.i("== 网址 ", url);
        builder.url(url);
        for (Map.Entry<String, String> entry : map.entrySet()) {
            if (TextUtils.isEmpty(entry.getKey())) {
                LoggerUtil.i(" 存在入参名为空 ");
            } else if (TextUtils.isEmpty(entry.getValue())) {
                LoggerUtil.i(" 存在入参值为空 ");
                builder.addParams(entry.getKey(), "");
            } else {
                builder.addParams(entry.getKey(), entry.getValue());
            }
        }
        LoggerUtil.i("== 入参 ", new Gson().toJson(map));
        builder.build().execute(callback);
    }

    public void execute8(String url, Map<String, String> map, MyStringCallback callback) {
        String str="";
        for (Map.Entry<String, String> entry : map.entrySet()) {
            if (TextUtils.isEmpty(entry.getKey())) {
```

```
            LoggerUtil.i(" 存在入参名为空 ");
        } else if (TextUtils.isEmpty(entry.getValue())) {
            LoggerUtil.i(" 存在入参值为空 ");
            str+=entry.getKey()+"="+""+"&";
        } else {
            str+=entry.getKey()+"="+entry.getValue()+"&";
        }
    }
    if (!TextUtils.isEmpty(str)){
        str= str.substring(0,str.length()-1);
    }
    LoggerUtil.i("== 网址 ", url);
    LoggerUtil.i("== 入参 ", str.replace("&","\n"));
    OkHttpUtils
            .postString()
            .url(url)
            .mediaType(MediaType.parse("application/x-www-form-urlencoded;charset=utf-8"))
            // 设置 post 的字符串为 JSON 字符串并设置编码方式
            .content(str) // 用 Gson 将 User 对象转化为 JSON 字符串的形式后，用它作为 content
            .build().execute(callback);
  }
}
```

为了保护隐私和敏感数据,App 往往会增加用户登录功能。如果 App 使用了传统的登录方式，那么它的授权过程类似于用户输入用户名和密码，App 根据输入的数据生成设备凭据，然后将其发送到远端服务器进行验证。通过验证后服务器会返回一个 userToken 给 App，随后 App 便可使用该 token 去服务器查询受限的用户数据。

开发者可以引入生物识别身份验证的方式，为终端用户的身份验证流程提供诸多便利。不仅如此，这套技术的业务逻辑也不需要用户频繁登录。生物识别身份验证使整个认证过程十分简短，只需要轻按一下传感器或看一眼设备即可。而作为开发者，重点是要确定用户必须要进行重新认证的频率，是一天一次、一周一次还是每次打开应用都需要重新认证。

通过 BiometricPrompt API，可以在加密或不加密的情况下实现身份验证。如果 App 需要更强安全性的保障（例如医疗类或银行类应用），则可能需要将加密密钥同生物特征绑定在一起来验证用户的身份，否则仅需生物识别身份验证即可。两种方式的代码实现很类似，除了在需要加密时要用到 CryptoObject 实例。

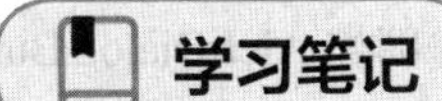

4.4.4 知识链接

1. Android 主流网络请求框架

（1）OkHttp。

OkHttp 是 Square 开发的网络请求框架，支持 HTTP 和 HTTP/2，用于 Android 应用和 Java 应用。OkHttp 是非常优秀的网络请求框架，将 HTTP 连接中各种繁杂的问题，如对并发的支持、对常见异常的处理等封装在底层，提供简单易用的 API 供应用调用。与之相比，HttpUrlConnection 的使用过于复杂，Apache 的 HttpClient 在 Android 平台上的运行又有各种问题，在 Android 6.0 之后，Android 已经将 HttpClient 库从 SDK 中删除，全面转向使用 OkHttp。

目前有很多知名的 Android 第三方框架都使用 OkHttp 作为网络连接的默认工具，例如 Volley、Glide、Retrofit 等，由此也能看出学习 OkHttp 的必要性。

（2）Retrofit。

Retrofit 是基于 OkHttp 封装的网络请求框架，网络请求工作本质上由 OkHttp 完成，而 Retrofit 仅负责网络请求接口的封装。Retrofit 的优势是简洁易用、解耦合、扩展性强、可搭配多种 JSON 解析框架（例如 Gson），另外还支持 RxJava 等。Retrofit 通过使用注解来描述 HTTP 请求。

（3）Volley。

Volley 是异步网络请求框架和图片加载框架，特别适合数据量小、通信频繁的网络操作。Android 绝大多数操作适用这种框架，但是对于数据量比较大的操作，比如下载，就不太适用了。

Volley 主要特点：扩展性强，基于接口设计；一定程度上符合 HTTP 规范，返回包括 ResponseCode 的处理、请求头的处理、缓存机制的支持；支持重试及优先级的定义；2.3 以上版本基于 HttpUrlConnection；提供简单的图片加载工具。

2. 对话框（Dialog）

Android 中对话框是非常常用的控件之一，Android 也提供了各种对话框。

Android 自带的对话框有 3 种：AlertDialog，普通的提示对话框；ProgressDialog，进度条对话；DatePickerDialog/TimePickerDialog，日期对话框 / 时间对话框。

所有的对话框，都直接或间接继承 Dialog 类，其中 AlertDialog 直接继承 Dialog，其他的几个类均继承 AlertDialog。系统自带的对话框基本上都继承 AlertDialog 类。

Android 内置的 AlertDialog 可以包含一个标题、一个内容消息或者一个选择列表，最多 3 个按钮。而创建 AlertDialog 时推荐使用它的一个内部类 AlertDialog.Builder 创建。使用 Builder 对象，可以设置 AlertDialog 的各种属性，最后通过 Builder.create() 就可以得到 AlertDialog 对象，如果还需要显示这个 AlertDialog，一般可以直接使用 Builder.show() 方法，它会返回并显示一个 AlertDialog 对象。

使用对话框的 3 个层次：简单的调用系统对话框；半自定义对话框，就是改变一些系统对话框的基础属性；完全自定义对话框，即自定义 Dialog 类，自己写界面和点击事件。

3. 弹框（PopupWindow）

PopupWindow，即弹框。PopupWindow 具有与 AlertDialog 在形式上类似的弹窗功能，都是在 Activity 最上层显示一个弹框，区别是 PopupWindow 可以自定义出现的位置，并且可以添加需要的 View 或者导入写好的布局。在很多场景下都可以见到它，例如 ActionBar 或 Toolbar 的选项弹窗、一组选项的容器或者列表等集合的窗口等。

创建流程如下。

（1）用 LayoutInflater 获得 XML 布局 View，或者直接用 new 关键字创建一个 View。

（2）实例化一个 PopupWindow，将 View 作为实例化参数传入。

（3）配置 PopupWindow 参数。

4.4.5 任务小结

本次任务我们完成了网络请求配置并对其进行封装。通过本次学习读者应了解 okhttputils 的使用，掌握简单代码封装。

4.5 任务 4——完成注册页网络请求实现

4.5.1 任务描述

此任务我们学习接口调试。调试接口需要后台提供接口地址、接口入参。根据接口返参我们需要定义返参实体。为方便开发，我们将接口地址统一存放在一个公共类中，创建公共返参实体。此任务我们将完成获取验证码接口和注册接口的调试。通过本任务学习，我们应该掌握接口调试方法、返参实体创建方法。

实施步骤如下。

（1）在基础类中初始化网络请求常用对象。

（2）创建公共类存放请求地址。

（3）创建公共返参实体类。

（4）调试获取验证码的接口方法。

（5）添加获取设备码工具类，添加 MD5 签名工具类，调试注册接口方法。

4.5.2 相关知识

Android Bean

在 Android 开发中，使用 Bean 类最多的场景是从网络获取数据，将数据以 Bean 类组织，Bean 类中的数据用于填充 UI 中的控件。

JavaBean，在一般的程序中，被称为数据层，就是用来设置数据的属性和一些行为的，它会提供获取属性和设置属性的 get() 和 set() 方法。JavaBean 是一种用 Java 语言写成的可重用组件。

所以，我们一般利用 Bean 类来存放一些特定的属性或行为，这样我们就能多次调用 Bean 类中的属性并赋值使用，实现重复使用。综上，Bean 类可以作为一个信息中转站，在别的地方通过 set() 方法设置 Bean 中的属性或者方法值，再通过 get() 方法调用具体的值来完成 UI 构建。

4.5.3 任务实施

◈ 步骤 01

在基础类初始化网络请求常用对象。调试接口需要用到 CommonOkhttp 和 Gson，几乎每个 Activity 中都会使用它们，我们把它们添加到 BaseActivity 中，方便调用。在 BaseActivity 中编写如下代码。

```
public CommonOkhttp commonOkhttp;
public Gson gson;
@Override
protected void onCreate(@Nullable Bundle savedInstanceState) {
    super.onCreate(savedInstanceState);
    setContentView(R.layout.activity_base);
    ScreenManagerUtils.getInstance().addActivity(this);
    initBaseView();
    gson = new Gson();
    commonOkhttp = new CommonOkhttp();
}
```

◈ 步骤 02

http 包，新建 ComUrl 公共类用于存放所有 URL，提取 URL 的公共部分定义给变量 ComUrl，代码如下。

```
public class ComUrl {
    public static String ComUrl = "http://192.168.3.27:8083/";

    public static String SEND_CODE = ComUrl + "sms/getCode";// 发送验证码
   public static String REGISTER = ComUrl + "api/register";// 用户注册
}
```

◈ 步骤 03

entity 包，新建 ComEntity 公共类用于解析基本返参，可以先定义变量。使用 Alt+Insert 组合键可自动生成 set()、get() 方法，按 Ctrl 键可连续选中要生成的方法，如图 4-6、图 4-7 所示。

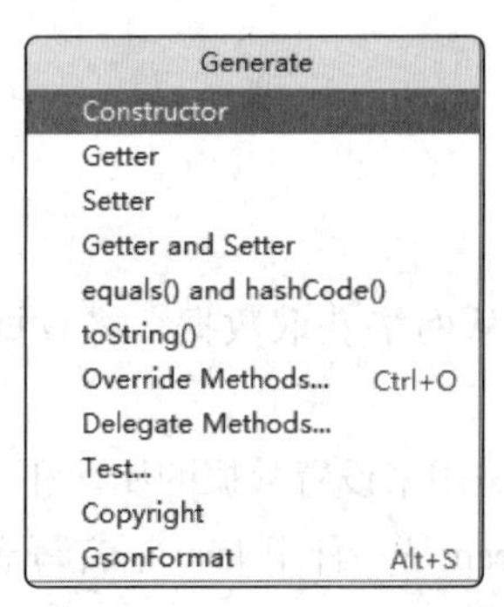

图 4-6 按 Alt+Insert 组合键后的弹框

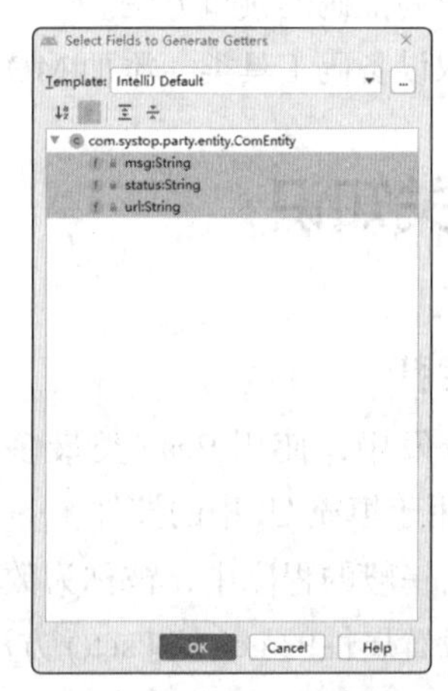

图 4-7 按 Ctrl 键连续选中要生成的方法

也可以先调用接口获取接口返回数据，使用工具 GsonFormat 自动生成模型。

```
public class ComEntity {
    private String msg;
    private String status;
    private String url;

    public String getUrl() {
        return url;
    }

    public String getMsg() {
        return msg;
    }

    public String getStatus() {
        return status;
    }
}
```

步骤 04

获取验证码接口，传入代表手机号的参数 phone，获取验证码成功后开启倒计时，并使用 Gson 解析返回的数据，对 msg 进行提示；对获取失败或 status 不为 200 的情形我们已经统一做了提示处理。

调试接口需要联网，在配置文件 AndroidManifest.xml 中添加相关权限。在 <manifest> 节点下添加如下代码。

```
<uses-permission Android:name="Android.permission.INTERNET" />
```

代码实现如下。

```
private void okhttpSendCode() {
    HashMap<String, String> param = new HashMap<>();
    param.put("phone", registerEdtPhone.getText().toString().trim());// 手机号
    commonOkhttp.execute(ComUrl.SEND_CODE, param, new MyStringCallback(this) {
        @Override
        public void onSuccess(String response) {
            super.onSuccess(response);
            CountDownTimerUtils mCountDownTimerUtils = new CountDownTimerUtils(registerTvGetCode, 60000,
1000);
            mCountDownTimerUtils.start();
            ComEntity entity = gson.fromJson(response, ComEntity.class);
            showMessage(entity.getMsg());
        }
    });
}
```

步骤 05

注册接口，需要传入设备 id、手机号、验证码、身份证号、姓名、MD5 加密的密码。

获取设备 id。我们在 utils 包新建 GeneralTools.class 工具类去获取设备 id。获取设备 id 需要在配置文件 AndroidManifest.xml 中添加相关权限。在 <manifest> 节点下添加如下代码。

```
<uses-permission Android:name="Android.permission.READ_PHONE_STATE" />
```

GeneralTools.class 代码实现如下。

```
public class GeneralTools {

    // 设备 id 获取 Android 7.0 关于 TelephonyManager.getDeviceId() 返回 null 的问题
    public static String getDeviceId(Context context) {
        String id="";
        // 获取 TelephonyManager 的服务对象
        try {
            TelephonyManager mTelephony = (TelephonyManager) context.getSystemService(Context.TELEPHONY_
SERVICE);
            if (mTelephony.getDeviceId() != null) {
                id = mTelephony.getDeviceId();
            } else {
                // 获取 ANDROID_ID
                id = Settings.Secure.getString(context.getApplicationContext().getContentResolver(), Settings.Secure.
ANDROID_ID);
            }
        }catch (SecurityException e){
            e.printStackTrace();
        }
        return id;
    }
}
```

加密算法。我们在 utils 包新建 MD5Utils 工具类对数据进行加密。代码实现如下。

```
public class MD5Utils {
    public static String MD5(String str) {
        if (TextUtils.isEmpty(str)) {
            return "";
        }
        MessageDigest md5 = null;
        try {
            md5 = MessageDigest.getInstance("MD5");
            byte[] bytes = md5.digest((str).getBytes());
            String result = "";
            for (byte b : bytes) {
                String temp = Integer.toHexString(b & 0xff);
                if (temp.length() == 1) {
                    temp = "0" + temp;
                }
                result += temp;
            }
            return result;
        } catch (NoSuchAlgorithmException e) {
            e.printStackTrace();
        }
        return "";
    }
}
```

注册接口调试。

```
private void okhttpRegister() {
    HashMap<String, String> param = new HashMap<>();
    param.put("client", GeneralTools.getDeviceId(this));// 设备 id
    param.put("phone", registerEdtPhone.getText().toString().trim());// 手机号
    param.put("code", registerEdtCode.getText().toString().trim());// 验证码
```

```
    param.put("sfzh", registerEdtIdcard.getText().toString().trim());// 身份证号
    param.put("name", registerEdtName.getText().toString().trim());// 姓名
    param.put("password", MD5Utils.MD5(registerEdtPsw.getText().toString().trim()));// 密码
    commonOkhttp.execute8(REGISTER, param, new MyStringCallback(this) {
        @Override
        public void onSuccess(String response) {
            super.onSuccess(response);
            ComEntity entity = gson.fromJson(response, ComEntity.class);
            showMessage(entity.getMsg());
            finishActivity();
        }
    });
}
```

在点击事件中添加接口调用逻辑。

```
@OnClick({R.id.register_tv_get_code, R.id.register_tv_register})
public void onViewClicked(View view) {
    switch (view.getId()) {
        case R.id.register_tv_get_code:
            // 获取验证码
            String phone = registerEdtPhone.getText().toString().trim();
            if (TextUtils.isEmpty(phone)) {
                showMessage(registerEdtPhone.getHint().toString());
            } else if (phone.length() != 11) {
                showMessage(getString(R.string.phone_error));
            } else {
                okhttpSendCode();
            }
            break;
        case R.id.register_tv_register:
            // 注册
            if (!isEmpty()) {
                okhttpRegister();
            }
            break;
    }
}
```

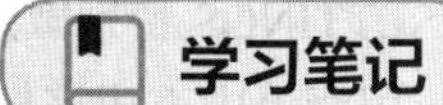

4.5.4 扩展知识

1. 权限

基本 Android 应用在默认情况下未关联权限，这意味着它无法执行对用户体验或设备上任何数据产生不利影响的任何操作。要利用受保护的设备功能，必须在应用清单中包含一个或多个 <uses-permission> 标记。

如果你的应用在其清单中列出正常权限（不会对用户隐私或对应用操作造成很大风险的权限），系统会自动授予这些权限。如果你的应用在其清单中列出危险权限（可能影响用户隐私或应用正常操作的权限），系统会要求用户明确授予这些权限。Android 发出请求的方式取决于系统版本。

如果设备运行的是 Android 6.0（API 级别为 23）或更高版本，并且应用的目标设备 sdk 版本号（targetSdkVersion）是 23 或更高版本，则应用在运行时向用户请求权限。用户可随时调整权限，因此应用在每次运行时均需检查自身是否具备所需的权限。

如果设备运行的是 Android 5.1（API 级别为 22）或更低版本，并且应用的 targetSdkVersion 是 22 或更低版本，则系统会在用户安装应用时要求用户授予权限。如果将新权限添加到更新的应用版本，系统会在用户更新应用时要求授予该权限。用户一旦安装应用，他们撤销权限的唯一方式是卸载应用。

通常，权限失效会导致 SecurityException 被扔回应用。但不能保证每个地方都是这样。

系统权限分为几个保护级别。需要了解的两个重要的保护级别是正常权限和危险权限。

正常权限涵盖应用沙盒外部的数据或资源，但对用户隐私或其他应用操作产生的风险很小。例如，设置时区的权限就是正常权限。如果应用声明其需要正常权限，系统会自动向应用授予该权限。

危险权限涵盖涉及用户隐私信息的数据或资源，或者可能对用户存储的数据或其他应用的操作产生影响的区域。例如，能够读取用户的联系人属于危险权限。如果应用声明其需要危险权限，则用户必须明确向应用授予该权限。

特殊权限。有许多权限的行为方式与正常权限及危险权限的都不同，这种权限称为特殊权限。SYSTEM_ALERT_WINDOW 和 WRITE_SETTINGS 特别敏感，因此大多数应用不应该使用它们。如果某应用需要其中一种权限，必须在应用清单中声明该权限，并且发送请求用户授权的 intent 对象，系统将向用户显示详细管理界面，以响应该 intent 对象。

2. 权限组

所有危险的 Android 系统权限都属于权限组。如果设备运行的是 Android 6.0（API 级别为 23），并且应用的 targetSdkVersion 是 23 或更高版本，则当用户请求危险权限时系统会发生以下行为。

如果应用请求其清单中列出的危险权限，而应用目前在权限组中没有任何权限，则系统会向用户显示一个对话框，描述应用要访问的权限组，对话框不描述该组内的具体权限。例如，应用请求 READ_CONTACTS 权限，系统对话框只说明该应用需要访问设备的联系信息。如果用户批准，系统将向应用授予其请求的权限。

如果应用请求其清单中列出的危险权限，而应用在同一权限组中已有另一项危险权限，则系统会立即授予该权限，而无须与用户进行任何交互。例如，某应用已经请求并且被授予了READ_CONTACTS权限，然后它又请求WRITE_CONTACTS权限，系统将立即授予该权限。

任何权限都可属于一个权限组，包括正常权限和应用定义的权限。但权限组仅当权限危险时才影响用户体验。我们可以忽略正常权限的权限组。

如果设备运行的是Android 5.1（API级别为22）或更低版本，并且应用的targetSdkVersion是22或更低版本，则系统会在安装应用时要求用户授予权限。再次强调，系统只告诉用户应用需要的权限组，而不告知应用需要的具体权限。

4.5.5 任务小结

本次任务我们完成了注册页网络请求实现。通过本次学习读者应熟练掌握OkHttp的使用。读者可自行根据项目需要封装网络请求。

4.6 单元小结

本学习单元完成注册页创建，完成注册页逻辑实现，完成网络请求配置及对其进行的封装并且完成注册页网络请求实现。

学习单元05 编辑流动党员之家登录页

05

5.1 单元概述

本学习单元介绍流动党员之家登录页搭建、登录接口调试。完成本单元学习，读者应熟练掌握表单页面创建，熟练掌握接口调试。同时，本学习单元还介绍页面跳转 Intent 的使用、数据存储 SharedPreferences 的使用。

表5-1 工作任务单

任务名称	Android 项目开发实践	任务编号	05
子任务名称	完成登录页	完成时间	60min
任务描述	从页面的创建到接口的调试，完成登录页编码		
任务要求	完成登录页创建		
任务环境	Android Studio 开发工具，雷电模拟器		
任务重点	掌握 GsonFormat 插件的使用，掌握断点调试方法，掌握页面间的跳转 Intent 的使用，掌握数据存储 SharedPreferences 的使用		
任务准备	创建完成的 Party 项目		
任务工作流程	准备相关图片资源，根据 UI 效果图创建登录页，在 Activity 中使用 ButterKnife 初始化控件及单击事件，做判空处理，编写登录接口方法，采用打断点的方式获取接口返参，利用 GsonFormat 插件生成返参实体，存储重要信息，跳转首页		
任务评价标准	页面是否和 UI 效果图一致		
	登录接口能否正常返参		
	能否正常存储数据		
	能否正常跳转页面		
知识链接	1. Intent 2. 数据存储		

5.1.1 知识目标

（1）了解数据存储 SharedPreferences。

（2）了解页面跳转 Intent。

5.1.2 技能目标

（1）熟练掌握页面创建。

（2）熟练掌握接口调试。

（3）熟练掌握页面跳转。

（4）熟练掌握简单数据存储。

5.2 任务——完成登录页创建

5.2.1 任务描述

本次任务我们完成登录页，其中包含页面的创建、登录接口的调试、页面跳转、数据存储等。页面的创建和接口的调试我们已经掌握，此任务我们重点学习页面跳转和数据存储，同时还会讲解打断点的方式及 GsonFormat 插件的使用。任务完成效果图如图 5-1 所示。

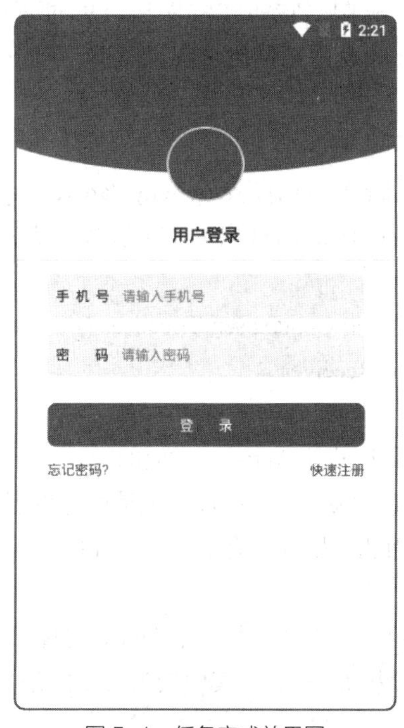

图 5-1 任务完成效果图

实施步骤如下。

（1）新建 LoginActivity.java。

（2）编辑 activity_login.xml。

（3）打开 LoginActivity 编写界面逻辑。

（4）以打断点方式获取返参。

（5）使用 GsonFormat 生成返参实体。

（6）存储相关数据。

（7）调试登录接口，跳转至首页。

5.2.2 相关知识

Intent

Intent 用于通过描述用户想在某个 Intent 对象中执行的简单操作（如“查看地图”或“拍摄照片”等）来启动某个 Activity 或 Service。这种 Intent 称作隐式 Intent，因为它并不指定要启动的应用组件，而是指定一项操作并提供执行该操作所需的一些数据。

当用户调用 startActivity() 或 startActivityForResult() 并向其传递隐式 Intent 时，系统会将 Intent 解析为可处理该 Intent 的应用并启动其对应的 Activity。如果有多个应用可处理 Intent，系统会为用户显示一个对话框，供其选择要使用的应用。

Intent 不仅可用于应用程序之间，也可用于应用程序内部的 Activity、Service 和 Broadcast Receiver 之间的交互。“Intent”这个英语单词的本意是“目的、意向、意图”。

Intent 采用的是运行时绑定机制，它能在程序运行的过程中连接两个不同的组件。通过 Intent，用户的程序可以向 Android 表达某种请求或者意愿，Android 会根据请求或者意愿的内容选择适当的组件来进行响应。

Intent 的作用的表现形式如下。

启动 Activity，通过 Context.startActivity() 或 Activity.startActivityForResult() 启动一个 Activity。

启动 Service，通过 Context.startService() 启动一个服务，或者通过 Context.bindService() 和后台服务交互。

发送 Broadcast，通过广播方法 Context.sendBroadcast()/Context.sendOrderedBroadcast()/Context.sendStickyBroadcast() 发给 BroadcastReceiver。

Intent 种类如下。

显式 Intent，即直接指定需要打开的 Activity 对应的类。

隐式 Intent，即不明确指定启动哪个 Activity，而是通过设置 action、data、category 等属性，让系统筛选出合适的 Activity，筛选是根据所有的 <intent-filter> 来筛选。

Intent 属性如下。

Intent 对象大致包括 6 个属性：action（动作）、data（数据）、category（类别）、type（数据类型）、component（组件）、extra（扩展信息）。其中较为常用的是 action 属性和 data 属性。

5.2.3 任务实施

微课视频

登录界面搭建

微课视频

获取接口返参并解析

◈ 步骤 01

右击 activity 包名，在快捷菜单中选择“New”→“Empty Activity”，命名为 LoginActivity，使其继承 BaseActivity，修改配置文件 AndroidManifest.xml，将 LoginActivity 设置为主 Activity。

◈ 步骤 02

在 value 目录下的 dimen 文件中添加如下常用间隔、字体大小，统一界面标准。然后右击任一目录，选择“ScreenMatch”重新适配各个 dimen 文件。

```
<dimen name="label_height">@dimen/dp_44</dimen>

<dimen name="marginB">@dimen/dp_16</dimen>
<dimen name="margin">@dimen/dp_12</dimen>
<dimen name="marginM">@dimen/dp_8</dimen>
<dimen name="marginS">@dimen/dp_4</dimen>
<dimen name="line">@dimen/dp_1</dimen>

<dimen name="tvB">@dimen/sp_16</dimen>
<dimen name="tv">@dimen/sp_15</dimen>
<dimen name="tvM">@dimen/sp_13</dimen>
<dimen name="tvS">@dimen/sp_12</dimen>
<dimen name="tvSS">@dimen/sp_10</dimen>
```

打开 activity_login.xml 文件，完成注册页的界面布局。我们使用垂直的线性布局，顶部放图片，图片资源为 ic_login；往下依次垂直布局，类似注册页，代码实现如下。

```
<LinearLayout xmlns:Android= "http://schemas.Android.com/apk/res/Android"
    xmlns:app= "http://schemas.Android.com/apk/res-auto"
    xmlns:tools= "http://schemas.Android.com/tools"
    Android:layout_width= "match_parent"
    Android:layout_height= "match_parent"
    Android:background= "@Android:color/white"
    Android:orientation= "vertical"
    tools:context= ".activity.LoginActivity">

    <ImageView
        Android:layout_width="match_parent"
        Android:layout_height="@dimen/dp_150"
        Android:scaleType="fitXY"
        Android:src="@drawable/ic_login" />

    <TextView
        Android:layout_width="wrap_content"
        Android:layout_height="wrap_content"
        Android:layout_gravity="center"
        Android:paddingTop="@dimen/marginB"
        Android:paddingBottom="@dimen/margin"
        Android:text=" 用户登录 "
        Android:textColor="@color/c_333333"
        Android:textSize="@dimen/tvB"
        Android:textStyle="bold" />
```

```
<TextView
    Android:layout_width="match_parent"
    Android:layout_height="@dimen/dp_1"
    Android:background="@color/line" />

<LinearLayout
    Android:layout_width="match_parent"
    Android:layout_height="wrap_content"
    Android:layout_marginLeft="@dimen/dp_30"
    Android:layout_marginTop="@dimen/margin"
    Android:layout_marginRight="@dimen/dp_30"
    Android:orientation="vertical">

    <LinearLayout
        style="@style/edt_ll"
        Android:layout_marginBottom="@dimen/margin"
        Android:orientation="horizontal">

        <TextView
            style="@style/edt_tv"
            Android:layout_width="wrap_content"
            Android:layout_height="wrap_content"
            Android:layout_marginRight="@dimen/margin"
            Android:text="@string/phone" />

        <EditText
            Android:id="@+id/login_edt_phone"
            style="@style/edt_tv"
            Android:layout_width="match_parent"
            Android:layout_height="wrap_content"
            Android:background="@Android:color/transparent"
            Android:hint=" 请输入手机号 "
            Android:inputType="phone"
            Android:singleLine="true" />
    </LinearLayout>


    <LinearLayout
        style="@style/edt_ll"
        Android:layout_marginBottom="@dimen/margin"
        Android:orientation="horizontal">

        <TextView
            style="@style/edt_tv"
            Android:layout_width="wrap_content"
            Android:layout_height="wrap_content"
            Android:layout_marginRight="@dimen/margin"
            Android:text="@string/psw" />

        <EditText
            Android:id="@+id/login_edt_psw"
            style="@style/edt_tv"
            Android:layout_width="match_parent"
            Android:layout_height="wrap_content"
```

```
        Android:background="@Android:color/transparent"
        Android:hint=" 请输入密码 "
        Android:inputType="textPassword"
        Android:singleLine="true" />
</LinearLayout>

<TextView
    Android:id="@+id/login_tv_login"
    style="@style/btn"
    Android:layout_marginTop="@dimen/margin"
    Android:text="@string/login" />

<RelativeLayout
    Android:layout_width="match_parent"
    Android:layout_height="wrap_content"
    Android:layout_marginTop="@dimen/margin">

    <TextView
        Android:id="@+id/login_tv_forget_psw"
        Android:layout_width="wrap_content"
        Android:layout_height="wrap_content"
        Android:text=" 忘记密码 ?"
        Android:textColor="@color/c_666666"
        Android:textSize="@dimen/tvM" />

    <TextView
        Android:id="@+id/login_tv_register"
        Android:layout_width="wrap_content"
        Android:layout_height="wrap_content"
        Android:layout_alignParentRight="true"
        Android:text=" 快速注册 "
        Android:textColor="@color/c_666666"
        Android:textSize="@dimen/tvM" />
</RelativeLayout>

</LinearLayout>
```

步骤 03

打开 LoginActivity，使用 ButterKnife 初始化控件，生成 onViewClicked(View view) 方法。对“登录”按钮的点击事件做判空处理。

```
public class LoginActivity extends BaseActivity {
    @BindView(R.id.login_edt_phone)
    EditText loginEdtPhone;
    @BindView(R.id.login_edt_psw)
    EditText loginEdtPsw;
    @BindView(R.id.login_tv_login)
    TextView loginTvLogin;
    @BindView(R.id.login_tv_forget_psw)
    TextView loginTvForgetPsw;
    @BindView(R.id.login_tv_register)
    TextView loginTvRegister;

    @Override
```

```java
    protected void onCreate(Bundle savedInstanceState) {
        super.onCreate(savedInstanceState);
        setContentView(R.layout.activity_login);
        ButterKnife.bind(this);
    }

    @OnClick({R.id.login_tv_login, R.id.login_tv_forget_psw, R.id.login_tv_register})
    public void onViewClicked(View view) {
        switch (view.getId()) {
            case R.id.login_tv_login:// 登录
                String phone = loginEdtPhone.getText().toString().trim();
                if (TextUtils.isEmpty(phone)) {
                    showMessage(loginEdtPhone.getHint().toString());
                } else if (phone.length() != 11) {
                    showMessage(getString(R.string.phone_error));
                } else if (TextUtils.isEmpty(loginEdtPsw.getText())) {
                    showMessage(loginEdtPsw.getHint().toString());
                } else {
                    // 登录接口
                }
                break;
            case R.id.login_tv_forget_psw:// 忘记密码
                break;
            case R.id.login_tv_register:// 注册
                startActivity(new Intent(this, RegisterActivity.class));
                break;
        }
    }
}
```

步骤 04

在 ComUrl 里添加登录接口地址。

```java
public static String LOGIN_ACOUNT = ComUrl + "api/login";// 登录接口
```

在 entity 包中新建 LoginEntity.java。

获取返回参数的方式有 3 种：①通过接口文档获取；②使用 API 管理平台获取；③在程序中调用接口，从控制台输出获取。控制台输出相关信息，如图 5-2 所示。

```
[==入参]{"phone":"16631122584","password":"25f9e794323b453885f5181f1b624d0b","client":"865166023908661"}
```

```
activity.login.LoginAccountActivity{
  "msg" : "登录成功",
  "access_token" : "eyJ0eXAiOiJKV1QiLCJhbGciOiJIUzI1NiJ9.eyJleHQiOjE2MDAyNDI2OTk1MzYsImlhdCI6MTU5OTYzNzg5OTUzNiw
  "refresh_token" : null,
  "invalid_time" : 604800,
  "status" : "200",
  "dyId" : 62058
}
```

图 5-2　调用登录接口，控制台输出相关信息

我们也可以使用 debug 模式，通过打断点的方式获取返参。在 MyStringCallback 文件中，单击红点位置，标注断点，如图 5-3 所示。

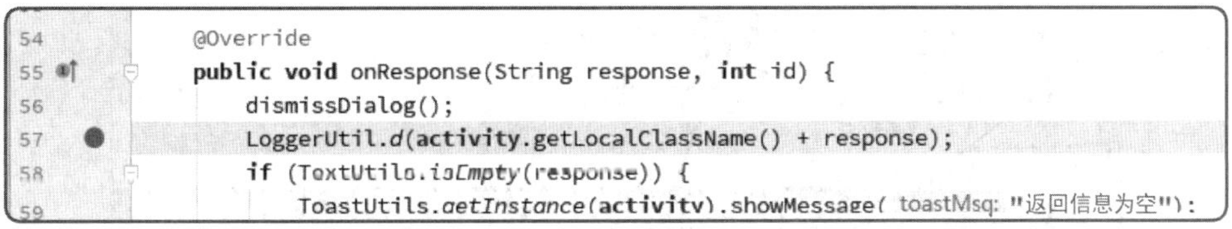

```
54      @Override
55      public void onResponse(String response, int id) {
56          dismissDialog();
57          LoggerUtil.d(activity.getLocalClassName() + response);
58          if (TextUtils.isEmpty(response)) {
59              ToastUtils.getInstance(activity).showMessage( toastMsg: "返回信息为空");
```

图 5-3　断点标注

单击按钮 1 或按钮 2，进入 debug 模式。单击按钮 1 可以重新运行开启 debug 模式；如果 App 已经运行，单击按钮 2，选择需要调试的进程即可。

接下来我们单击按钮 1，重新运行程序，输入手机号、密码，单击“登录”按钮，如图 5-4 所示。

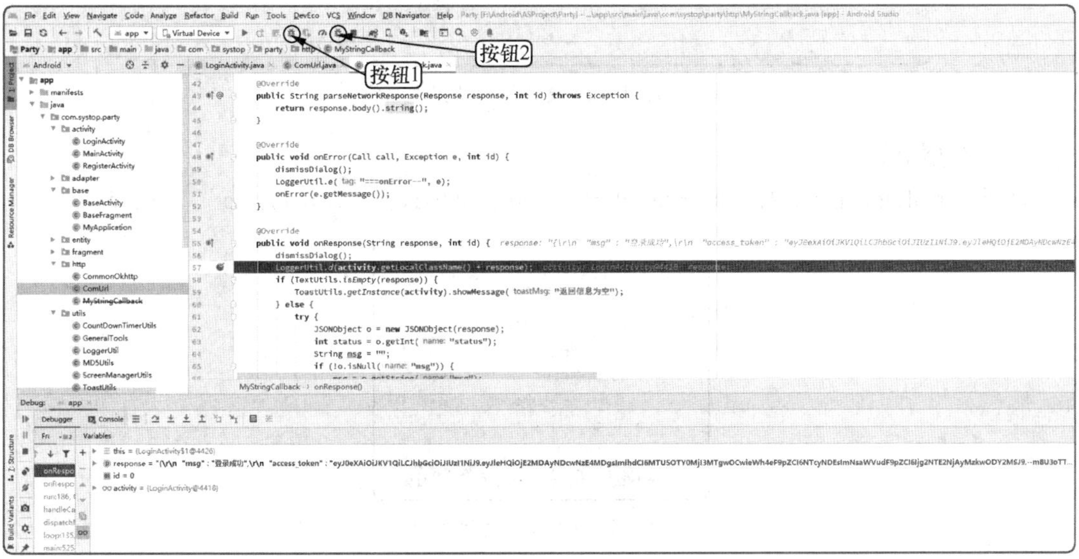

图 5-4　debug 模式

选中 response，右击，选择“Copy Value”，复制返参内容，如图 5-5 所示。

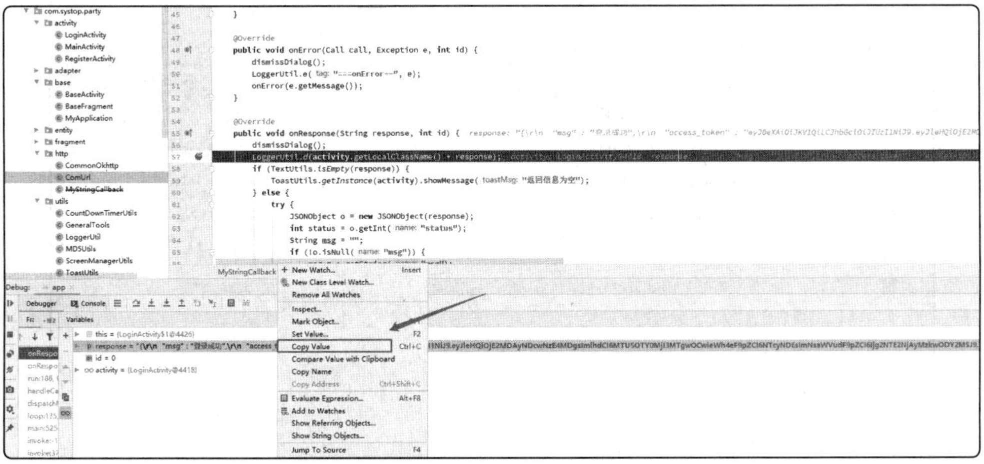

图 5-5　断点运行，选择“Copy Value”

单击按钮 1，运行到下个断点；单击按钮 2，停止 debug 模式；单击按钮 3，程序运行下一步，如图 5-6 所示。

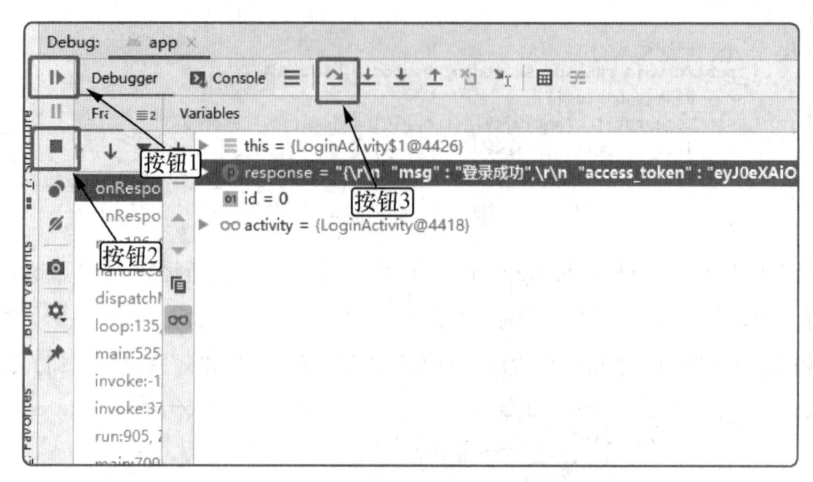

图 5-6　debug 模式下，常用操作按钮

步骤 05

打开 LoginEntity.java，按 Alt+Insert 组合键，在弹框中选择“GsonFormat”，如图 5-7 所示。

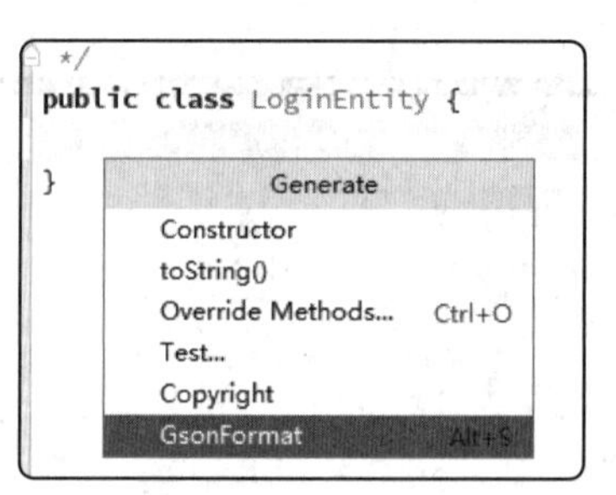

图 5-7　使用 GsonFormat

将步骤 04 中的内容复制到弹框，单击“OK”按钮。

默认全选，再次单击“OK”按钮，代码已自动生成，如图 5-8 所示。

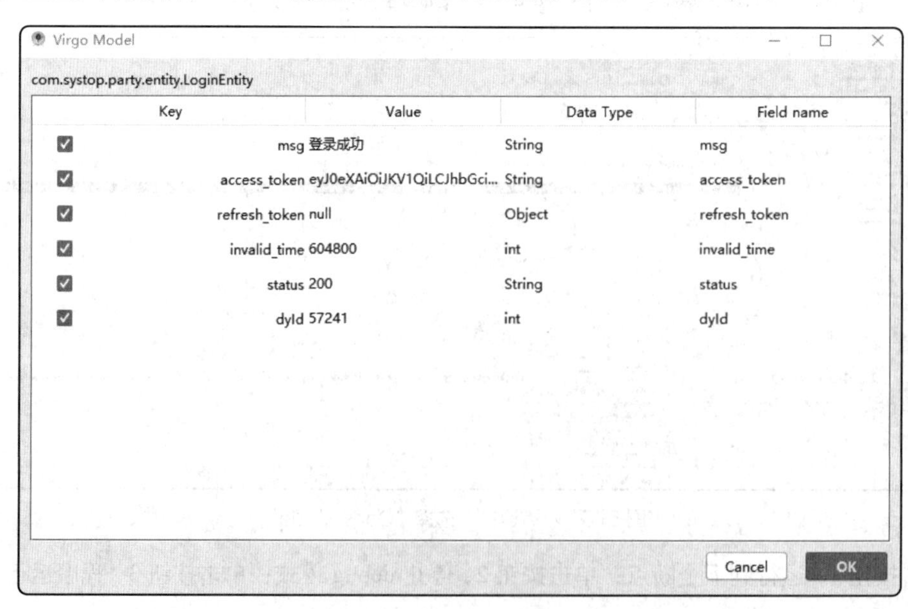

图 5-8　选择要生成 get() 和 set() 方法的变量

代码如下。

```
public class LoginEntity {

    /**
     * msg : 登录成功
     * access_token : eyJ0eXAiOiJKV1QiLCJhbGciOiJIUzI1NiJ9.eyJ1eHQiOjE2MDAyNDc2MTY3ODksImlhdCI
6MTU5OTY0MjgxNjc4OSwieWh4eF9pZCI6NTcyNDEsImNsaWVudF9pZCI6Ijg2NTE2NjAyMzkwODY2MSJ9.0c0R
a399Ii7yDteSsez28PTT4JuLeANko2wYoJ4LXwc
     * refresh_token : null
     * invalid_time : 604800
     * status : 200
     * dyId : 57241
     */

    private String msg;
    private String access_token;
    private Object refresh_token;
    private int invalid_time;
    private String status;
    private int dyId;

    public String getMsg() {
        return msg;
    }

    public void setMsg(String msg) {
        this.msg = msg;
    }

    public String getAccess_token() {
        return access_token;
    }

    public void setAccess_token(String access_token) {
        this.access_token = access_token;
    }

    public Object getRefresh_token() {
        return refresh_token;
    }

    public void setRefresh_token(Object refresh_token) {
        this.refresh_token = refresh_token;
    }

    public int getInvalid_time() {
        return invalid_time;
    }

    public void setInvalid_time(int invalid_time) {
        this.invalid_time = invalid_time;
    }

    public String getStatus() {
```

```
        return status;
    }

    public void setStatus(String status) {
        this.status = status;
    }

    public int getDyId() {
        return dyId;
    }

    public void setDyId(int dyId) {
        this.dyId = dyId;
    }
}
```

◈ 步骤 06

登录成功后需要对一些字段进行存储，这里我们使用 SharedPreferences 进行存储；同时需要跳转 MainActivity。

在 utils 包内新建 SPUtils，封装对 SharedPreferences 的操作，包括提取存储数据、获取数据、移除数据、清空数据等方法。使用 SharedPreferences 需要命名文件，我们将文件名放在专门放置静态常量工具类里，将需要存储的字段名也存储到静态常量工具类里。

```
public class SPUtils {
    /**
     * 传入 key、value，将数据存入缓存工具类，提供存储、获取、移除、清空数据方法
     *
     * @param context 上下文对象
     * @param key     键值
     * @param value   数据
     */
    public static void savePreference(Context context, String key, String value) {
        SharedPreferences preference = context.getSharedPreferences(StaticDateUtils.SP_FILE, Context.MODE_
PRIVATE);
        SharedPreferences.Editor editor = preference.edit();
        editor.putString(key, value);
        editor.commit();
    }

    /**
     * 根据 key 值，从名为 Constant.SP_FILE 的 SharedPreferences 中取出数据
     *
     * @param context 上下文对象
     * @param key     键值
     * @return
     */
    public static String getPreference(Context context, String key) {
        SharedPreferences preference = context.getSharedPreferences(StaticDateUtils.SP_FILE, Context.MODE_
PRIVATE);
        return preference.getString(key, "");
    }

    /**
```

```
     * @describtion 根据 key 值，从名为 Constant.SP_FILE 的 SharedPreferences 中移除数据
     */
    public static void removePreference(Context context, String key) {
        SharedPreferences preference = context.getSharedPreferences(StaticDateUtils.SP_FILE, Context.MODE_
PRIVATE);
        SharedPreferences.Editor editor = preference.edit();
        editor.remove(key);
        editor.commit();
    }

    /**
     * @describtion 根据 key 值，清除 Constant.SP_FILE 的 SharedPreferences
     */
    public static void clearSP(Context context) {
        SharedPreferences preference = context.getSharedPreferences(StaticDateUtils.SP_FILE, Context.MODE_
PRIVATE);
        SharedPreferences.Editor editor = preference.edit();
        editor.clear();
        editor.commit();
    }
```

在 utils 包内新建 StaticDateUtils 工具类，存放静态常量。

```
public class StaticDateUtils {
    public static String SP_FILE = "Party";// 存储文件名
    public static String SP_TOKEN = "token";
    public static String SP_DYID = "dyId";
}
```

步骤 07

输入入参设备 id、手机号、密码。登录成功，提示“登录成功”，存储 access_token、dyId。然后跳转首页。

```
// 完成当前页面
private void okhttpLogin() { // 入参设备 id、手机号、密码。登录成功后，提示“登录成功”，存储 token、dyid.
    HashMap<String, String> param = new HashMap<>();// 实例化哈希表对象
    param.put("client", GeneralTools.getDeviceId(this));// 存储参数
    param.put("phone", loginEdtPhone.getText().toString().trim());
    param.put("password", MD5Utils.MD5(loginEdtPsw.getText().toString().trim()));
    commonOkhttp.execute(LOGIN_ACOUNT, param, new MyStringCallback(this) {
        @Override
        public void onSuccess(String response) {
            super.onSuccess(response);
            LoginEntity entity = gson.fromJson(response, LoginEntity.class);// 生成对象
            showMessage(entity.getMsg());
            if (entity != null && !TextUtils.isEmpty(entity.getAccess_token())) {
                SPUtils.savePreference(LoginActivity.this, SP_TOKEN, entity.getAccess_token());// 存储缓存
                SPUtils.savePreference(LoginActivity.this, SP_DYID, entity.getDyId()+"");
                startActivity(new Intent(LoginActivity.this, MainActivity.class));
                finishActivity();
            }
        }
    });
}
```

学习笔记

5.2.4 扩展知识

微课视频

页面跳转和数据存储

数据存储

（1）SharedPreferences。

SharedPreferences 存储是一种轻量级的数据存储，通常做一些简单、单一数据的持久化缓存。SharedPreferences 保存的数据是简单的键值对。数据是以 XML 文件的形式存储的。可设置数据只能被当前应用读取，而别的应用不可以；应用卸载时会删除此数据。SharedPreferences 存储倾向于保存用户偏好设置，比如某个 Checkbox 的选择状态、用户登录的状态、配置信息等。

SharedPreferences 文件保存在 data\data\shared-perfes 目录下。从全局变量角度看，其优点是不会产生 Application、静态变量的 OOM（out of memory，内存不足）和空指针问题，其缺点是效率没有其他方法高。

① 获取 SharedPreferences。

a. Context 类中的 getSharedPreferences() 方法。

此方法接收两个参数：第一个参数用于指定 SharedPreferences 文件的名称，如果指定的文件不存在则会创建一个。第二个参数用于指定操作模式，主要有以下几种模式可以选择。

Context.MODE_PRIVATE：指定该 SharedPreferences 数据只能被本应用程序读、写。

Context.MODE_WORLD_READABLE：指定该 SharedPreferences 数据能被其他应用程序读，但不能写。

Context.MODE_WORLD_WRITABLE：指定该 SharedPreferences 数据能被其他应用程序写。

Context.MODE_APPEND：该模式会检查文件是否存在，若存在就往文件追加内容，否则就创建新文件。

Context.MODE_PRIVATE 是默认的操作模式，和直接传入 0 效果是相同的。Context.MODE_WORLD_READABLE 和 Context.MODE_WORLD_WRITABLE 这两种模式已在 Android 4.2 版本中被废弃。

b. Activity 类中的 getPreferences() 方法。

这个方法和 Context 类中的 getSharedPreferences() 方法很相似，不过它只接收一个操作模式参数，因为使用这个方法时会自动将当前 Activity 类名作为 SharedPreferences 的文件名。

c. PreferenceManager 类中的 getDefaultSharedPreferences() 方法。

这是一个静态方法，它接收一个 Context 参数，并自动使用当前应用程序的包名作为开头来命名 SharedPreferences 文件。

② SharedPreferences 的使用。

SharedPreferences 对象本身只能获取数据而不支持存储和修改数据，存储和修改数据通过 SharedPreferences.edit() 获取的内部接口 Editor 对象实现。使用 SharedPreferences 来存取数据，用到了 SharedPreferences 接口和 SharedPreferences 的一个内部接口 SharedPreferences.Editor，这两个接口在 Android.content 包中。

写入数据。

```
// 步骤 1：创建一个 SharedPreferences 对象
SharedPreferences sharedPreferences=getSharedPreferences("data",Context.MODE_PRIVATE);
// 步骤 2：实例化 SharedPreferences.Editor 对象
SharedPreferences.Editor editor = sharedPreferences.edit();
// 步骤 3：将获取的值放入文件
editor.putString("name", "Tom");
editor.putInt("age", 28);
editor.putBoolean("marrid",false);
// 步骤 4：提交
editor.commit();
```

读取数据。

```
SharedPreferences sharedPreferences= getSharedPreferences("data", Context .MODE_PRIVATE);
String userId=sharedPreferences.getString("name","");
```

删除指定数据。

```
editor.remove("name");
editor.commit();
```

清空数据。

```
editor.clear();
editor.commit();
```

（2）文件存储。

文件存储分为手机内部存储和手机外部存储。

① 手机内部文件存储的特点如下。

a. 对于存储的文件的类型没有要求，如 .txt（文本文件）、.doc（文本文件）、.png（图片文件）、.mp3（音频文件）、.avi（视频文件）等均可。

b. 只要文件大小没有超出内部存储空间的大小即可。

c. 默认情况下，存储的文件只能被当前应用读取。

d. 文件存储的路径：data\data\ 应用包名 \files\xxx.xx。

e. 文件会随着应用的卸载而被删除。

② 手机外部文件存储包含如下两个路径。

路径一：storage\sdcard\Android\data\package\files\xxx。

路径二：storage\sdcard\xxx\xxx。

手机外部文件存储的特点如下。

a. 两个路径存储的文件，对文件类型没有要求。

b. 文件的大小只要不超出 SD（Secure Digital，安全数字）卡的存储空间即可。

c. 两个路径下存储的文件不是私有的，其他应用可以访问。

d. 路径一下存储的文件会随着应用的卸载被删除。

e. 路径二下存储的文件不会随着应用的卸载被删除。

需注意，必须保证 SD 卡挂载在手机上才能读写，否则不能操作。

（3）SQLite 数据库存储。

SQLite 是一款嵌入式的轻型关系数据库。

特点如下。

① 安装文件小，完全配置时小于 400KB，省略可选功能配置时小于 250KB。Android 系统已经安装。

② 支持多种操作系统：Android、iOS、Windows、Linux 等。

③ 支持多种语言：Java、PHP、C# 等。

④ 处理速度快：处理速度比 MySQL、Oracle、SQL Server 都要快（数据量不是太大的时候）。

⑤ 关系型数据库，可使用 SQL（Structure Query Language，结构查询语言），支持事务处理，独立、无须服务进程。

（4）网络存储。

我们经常使用网络请求框架去请求服务器端的数据，把请求到的数据临时存放到内存中，需要的时候再加载到指定的控件上，这就是网络存储。

5.2.5 任务小结

本次任务我们完成了登录页。通过本次学习，读者应掌握 Gson 的使用的方法，掌握 Shared Preferences 的使用的方法，掌握断点调试的方法。

5.3 单元小结

本学习单元完成了登录页的设计。通过本单元学习，读者应熟练掌握数据的录入、提交，页面的跳转及数据存储的方法。

学习单元06

编辑流动党员之家个人中心页

6.1 单元概述

在前两个学习单元中，介绍了表单的搭建和接口调试，下面将介绍个人中心页的创建和接口调试。通过本学习单元学习，读者应该熟悉创建信息展示界面的方法，并将接口获取的数据展示在界面；同时应掌握矢量图标的添加方法，掌握刷新控件 SmartRefreshLayout 的使用方法，完成“个人中心页刷新”任务。本学习单元通过打造一个强大、稳定、成熟的下拉框架，培养学生精益求精的工匠精神。

表6-1　工作任务单

任务名称	Android 项目开发实践	任务编号	06
子任务名称	完成个人中心页	完成时间	60min
任务描述	完成个人中心页创建，实现接口返回数据展示，实现下拉刷新		
任务要求	完成个人中心页创建		
	完成个人中心页刷新		
任务环境	Android Studio 开发工具，雷电模拟器		
任务重点	掌握矢量图添加方法，掌握如何将接口返回数据展示到界面，掌握刷新控件 SmartRefreshLayout 的使用方法		
任务准备	创建完成的 Party 项目		
任务工作流程	先添加相关图片资源，根据 UI 效果图创建个人中心页静态界面。然后在 Activity 中初始化控件，调试获取信息接口，将返回数据展示到已创建的静态界面上，同时调试退出登录接口，接口调用成功清除存储数据，并跳转至登录页。最后为个人中心页添加刷新功能，下拉刷新重新调用获取信息接口		
任务评价标准	界面是否和 UI 效果图一致		
	接口返回数据是否正确显示到界面上		
	个人中心页下拉是否实现刷新功能		
知识链接	1. 监听机制 2. 可缩放矢量图形 3. 刷新控件 4. Android 延迟初始化		

6.1.1 知识目标

（1）了解可缩放矢量图形。

（2）了解刷新控件 SmartRefreshLayout。

（3）了解如何将接口返回数据展示到界面上。

6.1.2 技能目标

（1）熟练掌握个人中心页的创建方法。

（2）熟练掌握矢量图的添加方法。

（3）熟练使用刷新控件。

6.2 任务 1——完成个人中心页创建

6.2.1 任务描述

结合已掌握的知识，完成个人中心页创建，调试获取信息接口，获取登录人信息，并将信息展示到页面，最后完成退出登录功能。具体效果如图 6-1 所示。

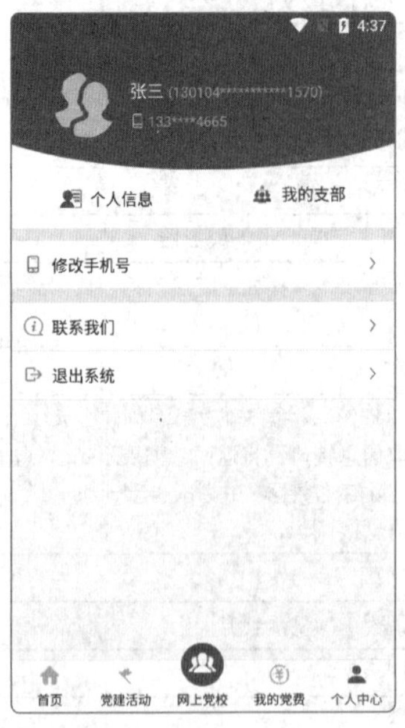

图 6-1　个人中心页效果图

实施步骤如下。

（1）搭建个人中心页静态界面。

（2）初始化控件，修改基础类。
（3）调试获取信息接口，并将数据展示在页面。
（4）调试退出登录，成功跳转登录。

6.2.2 相关知识

监听机制

事件监听机制由事件源、事件、事件监听器 3 类对象组成，处理流程如下。
（1）为某个事件源（组件）设置一个监听器，用于监听用户操作。
（2）用户的操作触发事件源的监听器。
（3）生成对应的事件对象。
（4）将这个事件对象作为参数传给事件监听器。
（5）事件监听器对事件对象进行判断，执行对应的事件处理器（对应事件的处理方法）。
实现监听机制的核心代码如下。

```
MainAcivity.java:
package com.jay.example.innerlisten;
import android.os.Bundle;
import android.view.View;
import android.view.View.OnClickListener;
import android.widget.Button;
import android.widget.Toast;
import android.app.Activity;
public class MainActivity extends Activity {
   private Button btnshow;
   @Override
   protected void onCreate(Bundle savedInstanceState) {
      super.onCreate(savedInstanceState);
      setContentView(R.layout.activity_main);
      btnshow = (Button) findViewById(R.id.btnshow);
      btnshow.setOnClickListener(new OnClickListener() {
         // 重写点击事件的处理方法 onClick()
         @Override
         public void onClick(View v) {
            // 显示 Toast 信息
            Toast.makeText(getApplicationContext(), " 你点击了按钮 ", Toast.LENGTH_SHORT).show();
         }
      });
   }
}
```

6.2.3 任务实施

微课视频

个人中心页搭建

步骤 01

打开 PersonFragment，删除多余方法，将鼠标指针放在布局文件名上，按住 Ctrl 键，当布局文件名下出现下画线时，单击进入布局文件，编辑该文件。这里我们依然使用垂直线性布局。上面是头像、姓名、手机号、身份证号；往下是个人信息和我的支部；接着是多个相似小布局。相似小布局是一个从左到右依次为图标、文字、图标的水平布局，背景是带有下画线的白色。

添加相关图片资源，可以去阿里巴巴矢量图标库下载相关资源。

在 color.xml 文件中添加半透明白色色值。

```
<color name="tv_white">#a5ffffff</color>
```

在 style.xml 文件中添加单个线性布局样式，减少重复代码。

```
<style name="person_ll">
    <item name="Android:layout_width">match_parent</item>
    <item name="Android:layout_height">wrap_content</item>
    <item name="Android:paddingLeft">@dimen/margin</item>
    <item name="Android:paddingRight">@dimen/margin</item>
    <item name="Android:background">@drawable/bg_line_bottom</item>
    <item name="Android:orientation">horizontal</item>
    <item name="Android:paddingTop">@dimen/margin</item>
    <item name="Android:paddingBottom">@dimen/margin</item>
</style>
<style name="line_wide">
    <item name="Android:layout_width">match_parent</item>
    <item name="Android:layout_height">@dimen/margin</item>
    <item name="Android:background">@color/background</item>
</style>
```

在 drawable 目录下添加下画线背景 bg_line_bottom。

```
<?xml version="1.0" encoding="utf-8"?>
<layer-list xmlns:Android="http://schemas.Android.com/apk/res/Android">
    <item >
        <shape Android:shape="rectangle" >
            <solid Android:color="@color/line"/>
        </shape>
    </item>
    <item Android:top="@dimen/dp_1">
        <shape>
            <solid Android:color="@Android:color/white" />
        </shape>
    </item>
</layer-list>
```

圆形头像我们使用第三方框架。在 build.gradle 的 dependencies 节点下添加如下代码。

```
implementation 'de.hdodenhof:circleimageview:2.2.0'
```

代码实现如下。

```
<?xml version="1.0" encoding="utf-8"?>
<LinearLayout xmlns:Android="http://schemas.Android.com/apk/res/Android"// 根布局为线性布局
    Android:layout_width="match_parent"
    Android:layout_height="match_parent"
    Android:orientation="vertical">

    <LinearLayout // 红色背景的线性布局
        Android:layout_width="match_parent"
        Android:layout_height="wrap_content"
        Android:background="@Android:color/white"
        Android:orientation="vertical">
```

```
<LinearLayout // 嵌套水平根布局
  Android:layout_width="match_parent"
  Android:layout_height="@dimen/dp_120"
  Android:background="@drawable/bg_top"
  Android:gravity="center_vertical"
  Android:orientation="horizontal">

  <LinearLayout // 包含图片的根布局
    Android:layout_width="wrap_content"
    Android:layout_height="wrap_content"
    Android:layout_marginLeft="@dimen/dp_40"
    Android:layout_marginRight="@dimen/margin"
    Android:gravity="center_vertical">


    <de.hdodenhof.circleimageview.CircleImageView
      Android:layout_width="@dimen/dp_60"
      Android:layout_height="@dimen/dp_60"
      Android:src="@drawable/icon_placeholder" />// 引用图片路径

    <LinearLayout
      Android:layout_width="match_parent"
      Android:layout_height="wrap_content"
      Android:layout_marginLeft="@dimen/margin"// 设置位置边距等属性
      Android:orientation="vertical">

      <LinearLayout
        Android:layout_width="match_parent"
        Android:layout_height="wrap_content">

        <TextView // 设置用户显示的文本
          Android:id="@+id/person_tv_name"
          Android:layout_width="wrap_content"
          Android:layout_height="wrap_content"
          Android:text=" 耿 "
          Android:textColor="@Android:color/white"
          Android:textSize="@dimen/tvB" />

        <TextView // 设置用户信息的文本
          Android:id="@+id/person_tv_idcard"
          Android:layout_width="wrap_content"
          Android:layout_height="wrap_content"
          Android:layout_marginLeft="@dimen/marginS"
          Android:text="(130532******0599)"
          Android:textColor="@color/tv_white"
          Android:textSize="@dimen/tvM" />
      </LinearLayout>

      <LinearLayout
        Android:layout_width="match_parent"
        Android:layout_height="wrap_content"
        Android:layout_marginTop="@dimen/marginM"
        Android:gravity="center_vertical">
```

```
            <ImageView // 设置电话的图片引用路径
              Android:layout_width="@dimen/dp_15"
              Android:layout_height="@dimen/dp_15"
              Android:src="@drawable/ic_phone_white" />

            <TextView // 设置电话信息文本
              Android:id="@+id/person_tv_phone"
              Android:layout_width="wrap_content"
              Android:layout_height="wrap_content"
              Android:layout_marginLeft="@dimen/dp_2"
              Android:text="132****0131"
              Android:textColor="@color/tv_white"
              Android:textSize="@dimen/tvM" />

          </LinearLayout>
        </LinearLayout>
      </LinearLayout>
    </LinearLayout>

    <LinearLayout
      Android:layout_width="match_parent"
      Android:layout_height="wrap_content">

      <LinearLayout
        Android:id="@+id/person_ll_person"
        Android:layout_width="wrap_content"
        Android:layout_height="wrap_content"
        Android:layout_weight="1"
        Android:gravity="center"
        Android:paddingTop="@dimen/marginB"
        Android:paddingBottom="@dimen/marginB">

        <ImageView
          Android:layout_width="@dimen/dp_20"
          Android:layout_height="@dimen/dp_20"
          Android:layout_marginRight="@dimen/marginM"
          Android:src="@drawable/ic_person_info" />

        <TextView // 设置个人信息文本
          Android:layout_width="wrap_content"
          Android:layout_height="wrap_content"
          Android:text=" 个人信息 "
          Android:textColor="@color/c_333333"
          Android:textSize="@dimen/tv" />
      </LinearLayout>


      <LinearLayout
        Android:id="@+id/person_ll_branch"
        Android:layout_width="wrap_content"
        Android:layout_height="wrap_content"
        Android:layout_weight="1"
        Android:gravity="center"
```

```
            Android:paddingTop="@dimen/margin"
            Android:paddingBottom="@dimen/margin">

            <ImageView
              Android:layout_width="@dimen/dp_20"
              Android:layout_height="@dimen/dp_20"
              Android:layout_marginRight="@dimen/marginM"
              Android:src="@drawable/ic_my_zb" />

            <TextView
              Android:layout_width="wrap_content"
              Android:layout_height="wrap_content"
              Android:text=" 我的支部 "
              Android:textColor="@color/c_333333"
              Android:textSize="@dimen/tv" />
          </LinearLayout>

        </LinearLayout>
      </LinearLayout>

      <TextView style="@style/line_wide" />

      <LinearLayout
        Android:id="@+id/person_ll_change"
        style="@style/person_ll">

        <ImageView // 设置图片信息
          Android:layout_width="@dimen/dp_18"
          Android:layout_height="@dimen/dp_18"
          Android:layout_marginRight="@dimen/marginM"
          Android:src="@drawable/ic_phone" />

        <TextView
          Android:layout_width="wrap_content"
          Android:layout_height="wrap_content"
          Android:layout_weight="1"
          Android:text=" 修改手机号 "
          Android:textColor="@color/c_333333"
          Android:textSize="@dimen/tv" />

        <ImageView
          Android:layout_width="@dimen/dp_18"
          Android:layout_height="@dimen/dp_18"
          Android:src="@drawable/ic_right" />
      </LinearLayout>


      <TextView style="@style/line_wide" />


      <LinearLayout
        Android:id="@+id/person_ll_gywm"
        style="@style/person_ll">

        <ImageView
```

```
        Android:layout_width="@dimen/dp_18"
        Android:layout_height="@dimen/dp_18"
        Android:layout_marginRight="@dimen/marginM"
        Android:src="@drawable/ic_my_us" />

    <TextView
        Android:layout_width="wrap_content"
        Android:layout_height="wrap_content"
        Android:layout_weight="1"
        Android:text=" 联系我们 "
        Android:textColor="@color/c_333333"
        Android:textSize="@dimen/tv" />

    <ImageView
        Android:layout_width="@dimen/dp_18"
        Android:layout_height="@dimen/dp_18"
        Android:src="@drawable/ic_right" />
  </LinearLayout>

  <LinearLayout
    Android:id="@+id/person_ll_text"
    style="@style/person_ll">

    <ImageView
        Android:layout_width="@dimen/dp_18"
        Android:layout_height="@dimen/dp_18"
        Android:layout_marginRight="@dimen/marginM"
        Android:src="@drawable/ic_my_out" />

    <TextView
        Android:layout_width="wrap_content"
        Android:layout_height="wrap_content"
        Android:layout_weight="1"
        Android:text=" 退出系统 "
        Android:textColor="@color/c_333333"
        Android:textSize="@dimen/tv" />

    <ImageView
        Android:layout_width="@dimen/dp_18"
        Android:layout_height="@dimen/dp_18"
        Android:src="@drawable/ic_right" />
  </LinearLayout>
</LinearLayout>
```


◈ 步骤 02

打开 PersonFragment。使用 ButterKnife 初始化控件，生成 onViewClicked(View view) 方法。修改 BaseFragment，使其继承 Fragment，在 BaseFragment 中初始化 commonOkhttp 和 gson。

```
public class BaseFragment extends Fragment {

    public CommonOkhttp commonOkhttp;// 声明封装的通信工具类对象
    public Gson gson;//json 解析工具

    @Override
    public void onCreate(@Nullable Bundle savedInstanceState) {
```

```
        super.onCreate(savedInstanceState);
        gson = new Gson();// 实例化 gson 对象
        commonOkhttp = new CommonOkhttp();// 实例化通信对象
    }

    public void showMessage(String message) { // 显示消息信息
        ToastUtils.getInstance(getActivity()).showMessage(message);
    }
}
```

步骤 03

在 ComUrl 中添加获取信息方法中用到的字符串前缀和退出接口地址的字符串前缀。

```
public static String GRZX = ComUrl + "api/grzx";// 个人中心
public static String LOGIN_OUT = ComUrl + "api/loginOut";// 退出
```

在 entity 包中新建 PersonEntity，用于解析获取信息接口返回的数据，获取信息成功将数据展示到界面上，代码实现如下。

```
private void okhttp() { //entity 包中新建 Person Entity，解析获取信息接口返回数据，获取信息成功后将数
据展示到界面上
    HashMap<String, String> param = new HashMap< >();
    param.put("token", SPUtils.getPreference(getActivity(), SP_TOKEN));
    commonOkhttp.execute(GRZX, param, new MyStringCallback(getActivity(), false) {
        @Override
        public void onSuccess(String response) {
            super.onSuccess(response);
            PersonEntity entity = gson.fromJson(response, PersonEntity.class);
            PersonEntity.DataBean yhxxBean = entity.getData();
            personTvName.setText(yhxxBean.getName());
            personTvIdcard.setText("(" + yhxxBean.getSfzh() + ")");
            personTvPhone.setText(yhxxBean.getSjh());
        }
    });
}
```

步骤 04

退出登录，调用接口，接口调用请求成功，显示提示信息，清除 SharedPreferences，销毁 MainActivity，跳转至登录页，代码实现如下。

```
private void okhttpLoginOut() { // 退出登录，调用接口，接口请求成功，提示信息，清除 SharedPreferences，销毁
MainActivity，跳转至登录页
    HashMap<String, String> param = new HashMap<>();
    param.put("token", SPUtils.getPreference(getActivity(), "token"));// 设置登录参数
    commonOkhttp.execute(LOGIN_OUT, param, new MyStringCallback(getActivity(), false) {
        @Override
        public void onSuccess(String response) {
            super.onSuccess(response);
            ComEntity comEntity = gson.fromJson(response, ComEntity.class);
            showMessage(comEntity.getMsg());// 显示登录信息
            SPUtils.clearSP(getActivity());
            MainActivity activity = (MainActivity) getActivity();
            activity.finishActivity();
            Intent intent = new Intent(getActivity(), LoginActivity.class);// 页面跳转至注册页
            startActivity(intent);
        }
```

```
    });
}
```

在 onCreateView() 方法中调用获取信息接口。点击“退出系统”按钮调用退出登录接口。运行程序，现在我们已经实现注册，登录，进入主界面、个人中心页，退出登录等，依次点击查看实现效果，查漏补缺。

学习笔记

6.2.4 扩展知识

矢量图的添加

可缩放矢量图形

可缩放矢量图形（Scalable Vector Graphics，SVG）是一种基于可扩展标记语言（XML），用于描述二维矢量图形的图形格式。SVG 由 W3C（World Wide Web Consortium，万维网联盟）制定，是一个开放标准。.svg 格式相对于 .jpg、.png 甚至 .webp 具有较多优势，如图像与分辨率无关，收放自如以及文件量小等。

VectorDrawable 是 Android 5.0 开始引入的一个新的 Drawable 子类，能够加载矢量图，到现在已经至少能适配到 Android 4.0 了。Android 中的 VectorDrawable 只支持 SVG 的部分属性，相当于不完整版。

VectorDrawable 虽然是个类，但是一般通过配置 XML 文件再设置到要使用的控件上。在 Android 工程中，矢量图文件在 res\drawable 目录下（没有则需新建），通过 <vector> </vector> 标签描述。

我们可以通过矢量图标库下载矢量图标。若想新建矢量图，右击“drawable”选择“New”→“Vector Asset”，如图 6-2 所示。

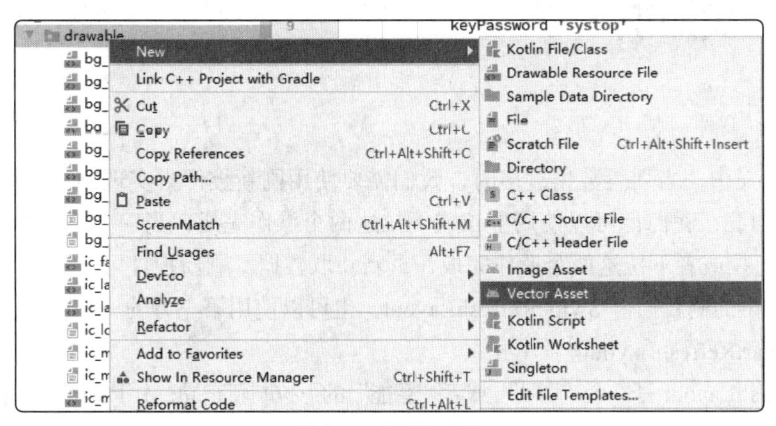

图 6-2　新建矢量图

6.2.5　任务小结

本任务我们完成了个人中心页的创建。通过本任务学习，读者应熟练掌握搭建界面、展示数据的方法。

6.3　任务 2——完成个人中心页刷新

6.3.1　任务描述

学习刷新控件 SmartRefreshLayout 的配置及使用，实现个人中心页的刷新功能，每次下拉刷新重新调用获取信息接口。效果如图 6-3 所示。

图 6-3　刷新功能

实施步骤如下。

（1）选择第三方框架 SmartRefreshLayout，添加依赖。

（2）初始化 SmartRefreshLayout。

（3）在布局中添加刷新控件，在个人中心页添加刷新相关逻辑。

（4）运行程序，验证程序。

6.3.2 相关知识

刷新控件

Android 开发中，当列表数据过多时，我们需要使用刷新控件去实现刷新、加载的功能。不管是刷新还是加载，我们都可以使用上拉或下拉这两个操作完成，当一个页面需要实时更新时，我们可以使用上拉或者下拉这两个操作完成，重新获取数据。刷新控件可以自己定义，可以使用 Android 官方提供的刷新控件 SwipeRefreshLayout，也可以使用第三方的一些类库。这里我们选择第三方类库 SmartRefreshLayout。

SmartRefreshLayout 是一个“聪明”或者“智能”的下拉刷新布局，由于它的“智能”，它不仅支持所有的 View，还支持多层嵌套的视图结构。它继承 ViewGroup 而不是 FrameLayout 或 LinearLayout，提高了性能；也吸取了现在流行的各种刷新布局的优点，包括官方的 SwipeRefreshLayout 以及其他第三方的 Ultra-Pull-To-Refresh、TwinklingRefreshLayout；还集成了各种酷炫的 Header 和 Footer。SmartRefreshLayout 的目标是打造一个强大、稳定、成熟的下拉刷新框架。

它的常用功能如下。

支持所有的 View，还支持多层嵌套的视图结构。

集成了很多酷炫的 Header 和 Footer。

支持和 ListView 的无缝同步滚动以及和 CoordinatorLayout 的嵌套滚动。

支持在 Android Studio 的 XML 文件编辑器中预览效果。

支持自动刷新、自动加载。

支持通用的刷新监听器 OnRefreshListener 和滚动监听器 OnMultiPurposeListener。

支持实现各种酷炫的动画效果。

支持通过设置主题来适配任何场景的 App，不会出现酷炫但很尴尬的情况。

支持设置多种滑动方式，滑动方式包括：平移、拉伸、背后固定、顶层固定、全屏等。

支持内容尺寸自适应。

支持继承重写和扩展功能，内部实现没有 private 关键字修饰的方法和字段，继承之后都可以重写覆盖。

支持所有可滚动视图的越界回弹。

微课视频

SmartRefreshLayout 的配置及使用

6.3.3 任务实施

步骤 01

在 build.gradle 的 dependencies 节点下添加相关依赖。

```
//1.1.0
implementation 'com.scwang.smartrefresh:SmartRefreshLayout:1.1.0-alpha-25'
implementation 'com.scwang.smartrefresh:SmartRefreshHeader:1.1.0-alpha-25'
implementation 'org.aspectj:aspectjrt:1.8.9'
```

步骤 02

在 MyApplication 中初始化 SmartRefreshLayout，设置相关配置。

```
    // 刷新
    static {
        // 设置全局的 Header 构建器
        SmartRefreshLayout.setDefaultRefreshHeaderCreator(new DefaultRefreshHeaderCreator() {
            @Override
            public RefreshHeader createRefreshHeader(Context context, RefreshLayout layout) {
                layout.setPrimaryColorsId(R.color.colorPrimary);// 全局设置主题颜色
                return new MaterialHeader(context);// 指定为 Material 主题头
            }
        });
        // 设置全局的 Footer 构建器
        SmartRefreshLayout.setDefaultRefreshFooterCreator(new DefaultRefreshFooterCreator() {
            @Override
            public RefreshFooter createRefreshFooter(Context context, RefreshLayout layout) {
                // 指定为经典 Footer
                return new ClassicsFooter(context).setDrawableSize(20);
            }
        });
    }
```

步骤 03

在 fragment_person 最外层加上刷新布局，将 id 设为 person_refresh。在 PersonFragment 中添加刷新控件初始化的代码，在 onCreateView() 中设置刷新方法为只刷新不加载，调用自动刷新方法。代码如下。

```
    public View onCreateView(@NonNull LayoutInflater inflater, @Nullable ViewGroup container, @Nullable
Bundle savedInstanceState) {
        view = inflater.inflate(R.layout.fragment_person, container, false);
        ButterKnife.bind(this, view);
        refresh.setEnableLoadMore(false);
        refresh.setOnRefreshListener(new OnRefreshListener() {
            @Override
            public void onRefresh(@NonNull RefreshLayout refreshLayout) {
                okhttp();
            }
        });
        refresh.autoRefresh();
        return view;
    }
```

同时，网络请求结束，调用刷新完成方法。

```
    private void okhttp() { // 网络请求结束，调用刷新完成方法
        HashMap<String, String> param = new HashMap<>();
        param.put("token", SPUtils.getPreference(getActivity(), SP_TOKEN));
        commonOkhttp.execute(GRZX, param, new MyStringCallback(getActivity(), false) {
            @Override
            public void onSuccess(String response) {
                super.onSuccess(response);
                refresh.finishRefresh(true);// 自动刷新
                PersonEntity entity = gson.fromJson(response, PersonEntity.class);// 实例化控件对象
                PersonEntity.DataBean yhxxBean = entity.getData();
                personTvName.setText(yhxxBean.getName());
                personTvIdcard.setText("(" + yhxxBean.getSfzh() + ")");
                personTvPhone.setText(yhxxBean.getSjh());
```

```
        }
        @Override
        public void onOther(String response, int status, String message) {
            super.onOther(response, status, message);
            refresh.finishRefresh(true);
        }

        @Override
        public void onError(String error) {
            super.onError(error);
            refresh.finishRefresh(false);
        }
    });
}
```

◈ **步骤 04**

运行程序，查看能否正常刷新。下拉时有圆形进度条出现，刷新完成进度条消失，数据自动更新，如图 6-4 所示。

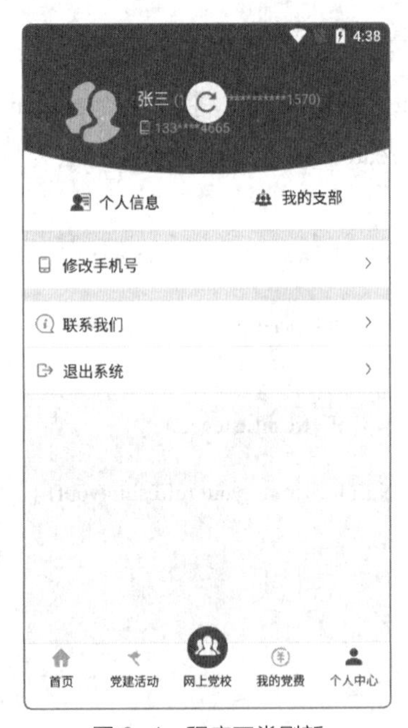

图 6-4　程序正常刷新

6.3.4　扩展知识

Android 延迟初始化

开发者在编写 Android 应用的时候，很多情况下会遇到界面启动时间过长的问题，给用户带来不好的体验。所以开发者在编写代码的时候，要多加注意如何提高界面的启动时间。下面会讲到几个优化界面启动开销的技巧。

（1）类的加载开销。

当一个类的静态方法、静态属性被调用或者类被实例化的时候，虚拟机首先通过 DexClassLoader

将类的 class 文件加载到虚拟机，而加载到虚拟机的过程会触发 class 文件中 clinit 函数的执行。因此声明静态变量时，推荐添加 final 的声明。这样编译器变量就被常量代替，就不会在类加载的时候消耗 CPU 时间。

（2）类的创建实例开销。

class 文件中除了静态变量外，还有很多全局非静态变量。而我们在声明全局变量的时候，都会为全局变量赋值。在声明全局变量的地方赋默认值，在函数中真正要用的时候再进行初始化。

延迟初始化是我们优化 Activity 启动时间的一个很有力的技巧。在不修改算法和逻辑结构的基础上，通过延迟初始化也能达到一定程度的优化。

6.3.5 任务小结

本任务我们完成了个人中心页刷新。

6.4 单元小结

本学习单元完成了个人中心页的创建，利用线性布局完成页面的搭建，并使用了第三方框架 circleimageview 完成图像的显示，调用获取信息的接口获取数据，并使用 Gson 解析数据框架完成数据解析，最后学习了刷新控件 SmartRefershLayout 的使用方法，掌握它的基本配置过程和使用方法，完成自动刷新功能。

学习单元07 编辑流动党员之家党建活动页

07

7.1 单元概述

本学习单元编写流动党员之家党建活动页。通过党建活动页的编写学习列表界面的创建。通过本单元学习熟练掌握列表界面的创建，适配器的使用；熟练掌握下拉刷新、上拉加载列表以及网络请求的结合使用。通过本单元学习，读者可以熟练创建列表，养成耐心细致的劳动精神。

表7-1　工作任务单

任务名称	Android 项目开发实践	任务编号	07
子任务名称	完成党建活动页	完成时间	60min
任务描述	完成党建活动页创建，掌握分页加载接口调试		
任务要求	完成党建活动页创建		
任务环境	Android Studio 开发工具，雷电模拟器		
任务重点	熟练掌握 ListView 的使用，掌握万能适配器的使用，掌握分页加载列表页的功能实现		
任务准备	创建完成的 Party 项目		
任务工作流程	先根据 UI 效果图，准备相关资源，搭建列表的单项布局；然后创建包含列表的具有刷新功能的大页面；最后在 Fragment 中创建适配器，调试接口，将数据正确地显示到页面		
任务评价标准	页面是否和 UI 效果图一致		
	接口数据是否可正常分页展示		
知识链接	1. 万能适配器 2. 自定义 View 3. <include> 标签 4. 列表控件 ListView 5. RecyclerView		

7.1.1　知识目标

（1）了解 ListView 控件的使用方法。

（2）了解适配器的使用方法。

7.1.2　技能目标

（1）熟练掌握 ListView 的使用方法。

（2）熟练掌握适配器的使用方法。

（3）熟练掌握刷新控件和列表、适配器、网络请求的结合使用方法。

7.2　任务——完成党建活动页创建

7.2.1　任务描述

根据 UI 效果图完成党建活动页搭建，调试相关接口，实现可下拉刷新、上拉加载的列表页。通过本次学习应该熟练掌握分页列表的实现。

实施步骤如下。

（1）新建圆角背景图。

（2）新建单个布局 item_activity。

（3）编辑党建活动的布局文件 Party \ app \ src \ main \ res \ layout \ fragment_activity.xml。

（4）编辑党建活动页 Party \ app \ src \ main \ java \ com \ systop \ party \ fragment \ ActivityFragment.java。

（5）调试列表接口，获取数据并展示。

完成效果如图 7-1 所示。

图 7-1　完成效果

7.2.2 相关知识

1. 万能适配器

流动党员之家使用万能适配器。万能适配器适用于 ListView、RecyclerView、GridView 等，支持多种 Item 类型的情况。只需要简单地将 Adapter 继承 CommonAdapter、复写 convert() 方法即可，省去了自己编写 ViewHolder 等大量的、重复的代码。该万能适配器有如下的特点。

（1）可以通过 holder.getView(id) 拿到任何控件。

（2）ViewHolder 中封装了大量常用的方法，比如 holder.setText(id,text)、holder.setOnClickListener(id,listener) 等。

2. 自定义 View

当 Android 系统内置的 View 无法实现我们的需求时，就需要针对业务需求定制我们想要的 View。自定义 View 在大部分时候只需重写两个方法：onMeasure()、onDraw()。onMeasure() 负责对当前 View 的尺寸进行测量，onDraw() 负责把当前 View 绘制出来。同时至少需要为自定义 View 写 2 个构造方法。

3. <include> 标签

<include> 标签可以实现在一个 Layout 中引用另一个 Layout 的布局，这通常适合于界面布局复杂、不同界面有共用布局的 App 中。比如一个 App 有顶部布局、侧边栏布局、底部 Tab 栏布局、ListView 和 GridView 每一项的布局等，将这些同一个 App 中有多个界面用到的布局抽取出来，再通过 <include> 标签引用，既可以降低 Layout 的复杂度，又可以做到布局重用（布局有改动时只需要修改一个地方就可以了）。使用 <include> 标签时，只需要在布局文件中需要引用其他布局的地方使用 layout= "@layout/××" 就可以。

7.2.3 任务实施

◈ 步骤 01

由图 7-1 可知，该页面由一个顶部图片和一个嵌套的 ListView 组成。ListView 需要单个布局、适配器、数据。

先添加相关资源，在 drawable 目录下新建白色圆角背景 bg_r_white。

```
<?xml version="1.0" encoding="utf-8"?>
<shape xmlns:Android="http://schemas.Android.com/apk/res/Android"
    Android:shape="rectangle">
    <corners Android:radius="@dimen/dp_8" />
    <solid Android:color="@Android:color/white" />
</shape>
```

在 drawable 目录下新建小按钮背景 bg_btn_small。

```
<?xml version="1.0" encoding="utf-8"?>
<shape Android:shape="rectangle"
xmlns:Android="http://schemas.Android.com/apk/res/Android">
```

```
    <corners Android:radius="@dimen/dp_8"/>
    <solid Android:color="#FE4646"/>
</shape>
```

步骤 02

在 xml 文件中单击鼠标右键新建 item_activity.xml，我们使用垂直线性布局。依次垂直放置年度、活动标题、活动地点、活动时间、活动介绍，最后放置一个水平线性布局，放置报名人数和活动状态。

```
<?xml version="1.0" encoding="utf-8"?>
<LinearLayout xmlns:Android="http://schemas.Android.com/apk/res/Android"
    Android:layout_width="match_parent"
    Android:layout_height="wrap_content"
    Android:orientation="vertical">

        <LinearLayout
            Android:layout_width="match_parent"
            Android:layout_height="wrap_content"
            Android:orientation="vertical"
            Android:background="@drawable/bg_r_white"
            Android:layout_margin="@dimen/margin"
            Android:paddingLeft="@dimen/margin"
            Android:paddingRight="@dimen/margin">

            <TextView
                Android:id="@+id/activity_tv_year"
                Android:layout_width="match_parent"
                Android:layout_height="wrap_content"
                Android:background="@drawable/bg_line_bottom"
                Android:drawableLeft="@mipmap/tab_activity_selected"
                Android:drawablePadding="@dimen/marginM"
                Android:paddingTop="@dimen/marginM"
                Android:paddingBottom="@dimen/marginM"
                Android:text="2022 年 "
                Android:textColor="@color/c_333333"
                Android:textSize="@dimen/tvB" />

            <LinearLayout
                Android:layout_width="match_parent"
                Android:layout_height="wrap_content"
                Android:background="@drawable/bg_line_bottom"
                Android:orientation="vertical"
                Android:paddingTop="@dimen/marginM"
                Android:paddingBottom="@dimen/marginM">

                <TextView
                    Android:id="@+id/activity_tv_title"
                    Android:layout_width="wrap_content"
                    Android:layout_height="wrap_content"
                    Android:text=""
                    Android:textColor="@color/colorPrimary"
                    Android:textSize="@dimen/tvB" />

                <LinearLayout
```

```
    Android:layout_width="match_parent"
    Android:layout_height="wrap_content"
    Android:layout_marginTop="@dimen/marginM"
    Android:orientation="horizontal">

    <TextView
      Android:layout_width="wrap_content"
      Android:layout_height="wrap_content"
      Android:text=" 活动地点： "
      Android:textColor="@color/c_333333"
      Android:textSize="@dimen/tvM" />

    <TextView
      Android:id="@+id/activity_tv_address"
      Android:layout_width="wrap_content"
      Android:layout_height="wrap_content"
      Android:text=""
      Android:textColor="@color/c_666666"
      Android:textSize="@dimen/tvM" />
</LinearLayout>

<LinearLayout
    Android:layout_width="match_parent"
    Android:layout_height="wrap_content"
    Android:layout_marginTop="@dimen/marginM"
    Android:orientation="horizontal">

    <TextView
      Android:layout_width="wrap_content"
      Android:layout_height="wrap_content"
      Android:text=" 活动时间： "
      Android:textColor="@color/c_333333"
      Android:textSize="@dimen/tvM" />

    <TextView
      Android:id="@+id/activity_tv_date"
      Android:layout_width="wrap_content"
      Android:layout_height="wrap_content"
      Android:text=""
      Android:textColor="@color/c_666666"
      Android:textSize="@dimen/tvM" />
</LinearLayout>

<LinearLayout
    Android:layout_width="match_parent"
    Android:layout_height="wrap_content"
    Android:layout_marginTop="@dimen/marginM"
    Android:orientation="vertical">

    <TextView
      Android:layout_width="wrap_content"
      Android:layout_height="wrap_content"
      Android:text=" 活动介绍： "
```

```
                Android:textColor="@color/c_333333"
                Android:textSize="@dimen/tvM" />

            <TextView
                Android:layout_marginTop="@dimen/marginM"
                Android:id="@+id/activity_tv_des"
                Android:layout_width="wrap_content"
                Android:layout_height="wrap_content"
                Android:text=""
                Android:textColor="@color/c_666666"
                Android:textSize="@dimen/tvS" />
        </LinearLayout>
    </LinearLayout>

    <LinearLayout
        Android:layout_width="match_parent"
        Android:layout_height="wrap_content"
        Android:gravity="center_vertical"
        Android:paddingTop="@dimen/marginM"
        Android:paddingBottom="@dimen/marginM">

        <TextView
            Android:id="@+id/activity_tv_num"
            Android:layout_width="wrap_content"
            Android:layout_height="wrap_content"
            Android:layout_weight="1"
            Android:text=" 报名人数："
            Android:textColor="@color/c_666666"
            Android:textSize="@dimen/tvM" />

        <TextView
            Android:id="@+id/activity_tv_btn"
            Android:layout_width="wrap_content"
            Android:layout_height="wrap_content"
            Android:background="@drawable/bg_btn_small"
            Android:paddingLeft="@dimen/dp_20"
            Android:paddingTop="@dimen/marginS"
            Android:paddingRight="@dimen/dp_20"
            Android:paddingBottom="@dimen/marginS"
            Android:text=" 已结束 "
            Android:textColor="@Android:color/white"
            Android:textSize="@dimen/tvM" />
    </LinearLayout>
</LinearLayout>

</LinearLayout>
```

◈ 步骤 03

编辑 fragment_activity。依次垂直放置标题、图片、嵌套 ListView。同时，为了获得更好的用户体验，为了界面更简洁，我们先设置没有数据时的空布局；最后为外层套上刷新及滑动布局。

滑动界面时需要图片和列表一起滑动，我们需要使用嵌套的 ListView、自定义 ListView 实现。在 view 包内新建 NestingListView。

```
public class NestingListView extends ListView { // 编辑 Fragment Activity。依次垂直放置标题、图片，嵌套 ListView，外层需要套上刷新及滑动布局

    public NestingListView(Context context, AttributeSet attrs) {
        super(context, attrs);
    }

    public NestingListView(Context context) { // 设置滑动布局
        super(context);
    }

    public NestingListView(Context context, AttributeSet attrs, int defStyle) {
        super(context, attrs, defStyle);
    }

    @Override
    public void onMeasure(int widthMeasureSpec, int heightMeasureSpec) { // 滑动控制

        int expandSpec = MeasureSpec.makeMeasureSpec(
                Integer.MAX_VALUE >> 2, MeasureSpec.AT_MOST);
        super.onMeasure(widthMeasureSpec, expandSpec);
    }
}
```


在 value 目录下的 style 文件中添加公共的列表样式。列表的宽充满全屏，高包裹内容，分隔线高度为 0.5dp，颜色为下画线颜色，不显示滑动按钮，去掉 ListView 单项的单击事件。

```
<!-- 公共 ListView 样式 -->
<style name="lv">
    <item name="Android:layout_width">match_parent</item>
    <item name="Android:layout_height">wrap_content</item>
    <item name="Android:dividerHeight">@dimen/dp_0_5</item>
    <item name="Android:divider">@color/line</item>
    <item name="Android:scrollbars">none</item>
    <item name="Android:listSelector">@Android:color/transparent</item>
</style>
```

列表在没有数据时显示空布局，所有列表都可重复使用，我们将列表的布局单独提取出来，新建 layout_no_data 布局，drawable 目录下有数据图片，可以到阿里巴巴矢量图标库下载。代码实现如下。

```
<?xml version="1.0" encoding="utf-8"?>
<TextView Android:drawablePadding="@dimen/margin"
    Android:drawableTop="@drawable/ic_no_data"
    Android:gravity="center_horizontal"
    Android:id="@+id/layout_no_data_tv"
    Android:layout_centerInParent="true"
    Android:layout_height="match_parent"
    Android:layout_width="match_parent"
    Android:padding="@dimen/dp_100"
    Android:text=" 还没有数据 ~"
    Android:textSize="@dimen/tvM"
    Android:textColor="@color/c_666666"
    Android:visibility="gone"
    xmlns:Android="http://schemas.Android.com/apk/res/Android" />
```

fragment_activity 代码实现如下。

```
<?xml version="1.0" encoding="utf-8"?>
<LinearLayout xmlns:Android="http://schemas.Android.com/apk/res/Android"
  xmlns:tools="http://schemas.Android.com/tools"
  tools:context=".fragment.ActivityFragment"
  Android:layout_width="match_parent"
  Android:layout_height="match_parent"
  Android:background="@color/background"
  Android:orientation="vertical">

  <LinearLayout
    Android:layout_width="match_parent"
    Android:layout_height="wrap_content"
    Android:background="@color/colorPrimary"
    Android:gravity="center">

    <TextView
      Android:layout_width="wrap_content"
      Android:layout_height="wrap_content"
      Android:paddingTop="@dimen/dp_15"
      Android:paddingBottom="@dimen/dp_15"
      Android:text=" 党建活动 "
      Android:textColor="@color/title"
      Android:textSize="@dimen/sp_18"
      Android:textStyle="bold" />
  </LinearLayout>

  <com.scwang.smartrefresh.layout.SmartRefreshLayout
    Android:id="@+id/activity_refresh"
    Android:layout_width="match_parent"
    Android:layout_height="match_parent">

    <ScrollView
      Android:layout_width="match_parent"
      Android:layout_height="match_parent"
      Android:scrollbars="none">

      <LinearLayout
        Android:layout_width="match_parent"
        Android:layout_height="match_parent"
        Android:orientation="vertical">

        <ImageView
          Android:layout_width="match_parent"
          Android:layout_height="@dimen/dp_120"
          Android:scaleType="fitXY"
          Android:src="@drawable/bg_top_activity" />

        <RelativeLayout
          Android:layout_width="match_parent"
          Android:layout_height="match_parent">

          <com.systop.party.view.NestingListView
            Android:id="@+id/activity_nlv"
            style="@style/lv"
```

```
                Android:layout_width="match_parent"
                Android:layout_height="wrap_content"
                Android:divider="@null" />

            <include
                layout="@layout/layout_no_data"
                Android:layout_width="match_parent"
                Android:layout_height="match_parent" />
          </RelativeLayout>
        </LinearLayout>
      </ScrollView>
    </com.scwang.smartrefresh.layout.SmartRefreshLayout>
  </LinearLayout>
```

步骤 04

编辑 ActivityFragment，删除多余方法，继承 BaseFragment，初始化控件。

```
public class ActivityFragment extends BaseFragment { // 删除多余方法，继承 BaseFragment，初始化控件

    @BindView(R.id.activity_nlv)
    NestingListView nlv;
    @BindView(R.id.activity_refresh)
    SmartRefreshLayout refresh;
    @BindView(R.id.layout_no_data_tv)
    TextView tvNoData;

    private View view;

    @Override
    public void onCreate(Bundle savedInstanceState) {
        super.onCreate(savedInstanceState);// 初始化控件

    }

    @Override
    public View onCreateView(LayoutInflater inflater, ViewGroup container, Bundle savedInstanceState) {
        view=inflater.inflate(R.layout.fragment_activity, container, false);// 获得布局对象
        ButterKnife.bind(this, view);// 绑定控件
        return view;
    }
}
```

步骤 05

调试列表接口。

在 ComUrl 中添加党建活动列表接口地址。

```
public static String DJHD = ComUrl + "api/djhd";// 党建活动
```

在 entity 包中新建 ActivityEntity 类解析接口返回数据，可以调用接口断点获取接口返回数据或使用浏览器获取返回数据。使用 Gson 格式化返参，并放置在 ActivityEntity 中。

列表的内容展示一般会用到分页加载，需要设置页码。同时列表分为上拉刷新和下拉加载。根据页码区分是刷新完成还是加载完成，定义静态页码 PAGE 到 StaticDateUtils 工具类。

```
public static int PAGE = 1;
```

提取公共方法到 CommonOkhttp 类中。公共方法分为刷新加载成功 refreshComplete(int page, SmartRefreshLayout refreshLayout) 和刷新加载失败 refreshCompleteF(int page, SmartRefreshLayout refreshLayout)。

```
public void refreshComplete(int page, SmartRefreshLayout refreshLayout) {
    if (refreshLayout == null) return;
    if (page == PAGE) {
        refreshLayout.finishRefresh(0/*,false*/);// 传入 false 表示刷新失败
    } else {
        refreshLayout.finishLoadMore(0/*,false*/);// 传入 false 表示加载失败
    }
}

public void refreshCompleteF(int page, SmartRefreshLayout refreshLayout) {
    if (refreshLayout == null) return;
    if (page == PAGE) {
        refreshLayout.finishRefresh(false);// 传入 false 表示刷新失败
    } else {
        refreshLayout.finishLoadMore(false);// 传入 false 表示加载失败
    }
}
```

在 ActivityFragment 中创建 okhttp() 方法调用接口获取数据，并将数据传到 setData() 方法中，用于设置数据展示。

```
private void okhttp() { // 调用接口获取数据，并将数据传到 set Data() 方法中，去设置数据显示
    HashMap<String, String> param = new HashMap<>();
    param.put("token", SPUtils.getPreference(getActivity(), SP_TOKEN));// 设置参数
    param.put("pageSize", "10");
    param.put("pageNumber", page + "");
    commonOkhttp.execute(DJHD, param, new MyStringCallback(getActivity(), false) {
        @Override
        public void onSuccess(String response) {
            super.onSuccess(response);
            commonOkhttp.refreshComplete(page, refresh);
            ActivityEntity result = gson.fromJson(response, ActivityEntity.class);
            setData(result);
        }

        @Override
        public void onOther(String response, int status, String message) {
            super.onOther(response, status, message);
            commonOkhttp.refreshComplete(page, refresh);
        }

        @Override
        public void onError(String error) {
            super.onError(error);
            commonOkhttp.refreshCompleteF(page, refresh);
        }
    });
}
```

setData() 方法，先判断是否为第一页，如果是第一页则清除列表中的所有数据。再判断获取数据是否为空，如果为空则显示空布局，设置刷新控件不可下拉加载；不为空则重新为列表添加数据，页数加 1。如果不是第一页，且数据为空，则提示用户“已经到底了～”；数据不为空，则为列表添加数据，页数加 1。

```
private CommonAdapter<ActivityEntity.DataBeanX.DataBean> adapter;
private List<ActivityEntity.DataBeanX.DataBean> list = new ArrayList<>();
private int page = PAGE;

private void setData(ActivityEntity result) {
    if (view == null) return;
    List<ActivityEntity.DataBeanX.DataBean> dataBeans = result.getData().getData();
    if (page == PAGE) {
        // 第一页 刷新
        list.clear();
        if (dataBeans != null && dataBeans.size() > 0) {
            // 有数据
            list.addAll(dataBeans);
            ++page;
            tvNoData.setVisibility(View.GONE);
            if (refresh != null) {
                refresh.setEnableLoadMore(true);
            }
        } else {
            if (refresh != null) {
                refresh.setEnableLoadMore(false);
                tvNoData.setVisibility(View.VISIBLE);
            }
        }
    } else {
        // 加载下一页
        if (dataBeans != null && dataBeans.size() > 0) {
            list.addAll(dataBeans);
            ++page;
        } else {
            showMessage(getString(R.string.list_bottom));
        }
    }
    if (adapter != null) {
        adapter.notifyDataSetChanged();
    }
}
```

所有列表下拉都会用到“已经到底了～”提示，因此，我们在 string 中添加资源。

```
<string name="list_bottom" translatable="false"> 已经到底了 ~</string>
```

数据获取成功，编写列表适配器，将数据逐条展示。这里适配器我们使用第三方的万能适配器。在 build.gradle 里添加依赖，并同步项目。

```
implementation 'com.zhy:base-adapter:3.0.3'
```

在 ActivityFragment 中创建 getData()、initLv() 方法。每次刷新时调用 getData() 方法，getData() 方法中页码设置为 1，调用接口；initLv() 方法用于设置刷新方法和适配器。适配器中使用 viewHolder.setText()，设置内容的显示，并将适配器设置给列表。

```
    private void getData() { // 每次刷新调用 getData() 方法，getData() 方法中页码设置 1，调用接口；initLv()
方法设置刷新方法和适配器
        if (view != null ) {
            page = PAGE;
            okhttp();
        }
    }

    private void initLv() {
        refresh.setOnRefreshListener(new OnRefreshListener() {
            @Override
            public void onRefresh(@NonNull RefreshLayout refreshLayout) {
                getData();
            }
        });
        refresh.setOnLoadMoreListener(new OnLoadMoreListener() {
            @Override
            public void onLoadMore(@NonNull RefreshLayout refreshLayout) {
                okhttp();
            }
        });
        adapter = new CommonAdapter<ActivityEntity.DataBeanX.DataBean>(getActivity(), R.layout.item_activity,
list) {
            @Override
            protected void convert(ViewHolder viewHolder, ActivityEntity.DataBeanX.DataBean item, int position) {
                viewHolder.setText(R.id.activity_tv_year, item.getNd() + " 年 ");
                viewHolder.setText(R.id.activity_tv_title, item.getName());
                viewHolder.setText(R.id.activity_tv_date, item.getHdsj());
                viewHolder.setText(R.id.activity_tv_address, item.getHddd());
                TextView tvDes = viewHolder.getView(R.id.activity_tv_des);
                if (TextUtils.isEmpty(item.getHdjs())) {
                    tvDes.setVisibility(View.GONE);
                } else {
                    tvDes.setVisibility(View.VISIBLE);
                    tvDes.setText(item.getHdjs());
                }
                viewHolder.setText(R.id.activity_tv_num, " 报名人数：" + item.getYbmrs() + "/" + item.getZdrs());
                TextView tv = viewHolder.getView(R.id.activity_tv_btn);
                tv.setVisibility(View.VISIBLE);
                tv.setText(" 已结束 ");
                tv.setTextColor(getResources().getColor(R.color.colorPrimary));
                tv.setBackgroundResource(Android.R.color.white);
            }
        };
        nlv.setAdapter(adapter);
    }
```

在 onCreateView() 方法中调用 initLv() 方法，并调用刷新控件的自动刷新方法。代码如下：

```
initLv();
refresh.autoRefresh();
```

重新运行程序，效果如图 7-2 所示。

4:24
党建活动
党建活动
2022年
学习贯彻党的十九届六中全会精神专题培训班（第六期）
活动地点：燕山大酒店四楼第二会议室（石家庄市裕华西路40号）
活动时间：2022-4-19 09:30
活动介绍：
学习贯彻党的十九届六中全会精神
报名人数：46/50
已结束
首页
党建活动
网上党校
我的党费
个人中心

图 7-2　程序运行效果

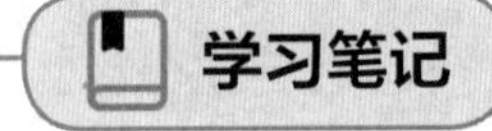
学习笔记

7.2.4 扩展知识

ListView 和 Adapter 的工作原理

1. 列表控件 ListView

ListView 是一个以垂直方式在项目中显示视图的列表，是一种不能确定视图中的内容的适配器视图。手机屏幕大小有限，显示内容有限，我们可以借助 ListView 上下滚动来显示更多的内容，它可以将屏幕外的数据滑到屏幕内，可以将屏幕内的数据滑到屏幕外。

数据和视图的绑定需要通过继承ListViewAdapter接口的适配器实现。确保当上下滚动的时候，能够动态刷新视图内容。通常我们都会自定义一个继承 BaseAdapter（已继承 ListViewAdapter）、ArrayAdapter（继承 BaseAdapter）、SimpleAdapter（继承 BaseAdapter）的类，重写 getView() 方法，实现自己想要的功能。

ListView 可以将数据填充到布局上，可以处理用户的单击事件。ListView 的创建需要 3 个元素：ListView 中的每一行的 View；输入 View 的数据；连接数据与 ListView 的适配器。

ListView 能有效地实现数据与 AdapterView 的分离设置，使 AdapterView 与数据绑定更简便，修改更方便。常用适配器如下。

（1）ArrayAdapter<T>：用来绑定一个数组，支持泛型操作。

用 ArrayAdapter 可以实现简单的 ListView 的数据绑定。默认情况下，ArrayAdapter 绑定每个对象的 toString 值到 Layout 中预先定义的 TextView 控件上。ArrayAdapter 的使用非常简单。步骤如下：

① 定义一个数组来存放 ListView 中 Item 的内容；

② 通过实现 ArrayAdapter 的构造方法来创建一个 ArrayAdapter 的对象；

③ 通过 ListView 的 setAdapter() 方法绑定 ArrayAdapter。

（2）SimpleAdapter：用来绑定与在 XML 文件中定义的控件对应的数据。

有时候我们需要在列表展示除文字之外的东西，比如，图片、复选框等。这个时候可以使用 SimpleAdapter。使用 SimpleAdapter 传递的数据一般都是用由 HashMap 构成的列表来存储的。实现步骤如下：

① 根据需要定义 ListView 每行的布局；

② 定义一个由 HashMap 构成的列表，将数据以键值对的方式存放在里面；

③ 构造 SimpleAdapter 对象；

④ 将 ListView 绑定到 SimpleAdapter 上。

（3）BaseAdapter：通用的基础适配器。

在 ListView 的使用中，有时候还需要在里面加入按钮等控件，实现单独的操作。使用 SimpleAdapter 添加一个按钮到 ListView 的条目中，会发现可以添加，却无法获得焦点，单击操作被 ListView 的 Item 所覆盖。这时候最方便的方法就是使用灵活的适配器 BaseAdapter 了。

使用 BaseAdapter 必须写一个类继承它，同时，BaseAdapter 是一个抽象类，继承它必须实现它的方法。BaseAdapter 的灵活性就在于它要重写很多方法。

ListView 的原理如下。

当系统开始绘制 ListView 的时候，首先调用 getCount() 方法，得到 ListView 的长度，然后系统调用 getView() 方法，根据这个长度逐一绘制 ListView 的每一行。也就是说，如果 getCount() 返回 1，那么数据在 ListView 中只显示一行。getItem() 和 getItemId() 则在需要处理和取得 Adapter 中的数据时调用。

ListView 是 Android 中最常用的控件之一，几乎所有的应用程序都会用到它，因此学会运用它很重要。

2. RecyclerView

RecyclerView 是 Android 5.0 推出的，是 support-v7 包中的新组件，它被用来代替 ListView 和 GridView，并且能够实现瀑布流布局，更加高级并且更加灵活，它能提供更为高效的回收复用机制。

RecyclerView 可以通过设置 LayoutManager 来快速实现 ListView、GridView、瀑布流布局的效果，还可以设置横向和纵向显示，添加动画效果也非常简单（自带 ItemAnimation，可以设置加载和移除时的动画，方便做出各种动态浏览的效果）。

使用步骤如下。

（1）添加依赖。

（2）添加布局。

（3）新建一个 .xml 文件，为 RecyclerView 内的元素设定样式。

（4）创建适配器继承 RecyclerView.Adapter。首先，创建适配器类继承 RecyclerView.Adapter，泛型传入 RecyclerView.ViewHolder 类。然后创建内部类即 RecyclerView.ViewHolder 类的子类，并初始化 Item 的控件。最后重写 RecyclerView.Adapter 类的相关方法。

（5）在 Activity 中，获取 RecyclerView 对象，初始化数据，实例化适配器，设置 LayoutManager，设置适配器。

7.2.5 任务小结

本次任务我们完成了党建活动页。通过本次学习，读者应熟练掌握列表页的实现，熟练掌握 RecyclerView 的使用。

7.3 单元小结

通过本单元的学习，读者应熟练掌握列表界面的创建，学会自由搭建分页加载的列表界面。

学习单元08 编辑流动党员之家首页

08

8.1 单元概述

本学习单元创建流动党员之家首页。本单元将学习使用 TabLayout、ViewPager 控件，并将再次学习列表相关知识点。通过本单元学习，读者应该熟练掌握 TabLayout 和 ViewPager 的结合使用，熟练掌握列表的使用。通过对流动党员之家首页的搭建，读者应主动了解家国大事，不断增强民族自豪感和爱国情怀。

表8-1 工作任务单

任务名称	Android 项目开发实践	任务编号	08
子任务名称	完成首页创建	完成时间	60min
任务描述	完成 App 首页功能实现，包含顶部导航、首页轮播图、文章详情页等		
任务要求	完成首页创建		
	完成首页轮播图		
	完成首页文章详情页创建		
任务环境	Android Studio 开发工具，雷电模拟器		
任务重点	掌握 TabLayout、ViewPager、Banner、WebView 的使用		
任务准备	创建完成的 Party 项目		
任务工作流程	先创建包含顶部导航的首页，然后完成首页轮播图，最后创建文章详情页		
任务评价标准	界面是否和 UI 效果图一致		
	首页各个标签页能否正常切换		
	首页能否正常刷新、加载		
知识链接	1. 翻页视图 ViewPager 2. TabLayout 3. Serializable 和 Parcelable 4. Banner 5. Glide 6. WebView 7. WebViewClient 和 WebChromeClient		

8.1.1 知识目标

（1）了解 TabLayout 的基本用法。
（2）了解 ViewPager 的基本用法。
（3）了解 Banner 的基本用法。
（4）了解图片加载。
（5）了解序列化。

8.1.2 技能目标

（1）熟练掌握 TabLayout、ViewPager 和 Fragment 的结合使用方法。
（2）熟练掌握 Banner 的使用方法。
（3）熟练掌握 WebView 的使用方法。
（4）熟练掌握列表的使用方法。

8.2 任务 1——完成首页创建

8.2.1 任务描述

创建含有顶部导航的首页。每个导航标签对应相应标签页，点击导航标签或滑动标签页可实现标签页的切换。这里我们使用 TabLayout 和 ViewPager 创建首页 HomeFragment，学习掌握 TabLayout 和 ViewPager 的使用方法。

实施步骤如下。

（1）添加 TabLayout 依赖。
（2）使用 TabLayout 和 ViewPager 编辑 XML 界面。
（3）编辑 HomeFragment。
（4）创建实体类存储各个界面的相关数据。
（5）创建适配器，展示多个 Fragment。
（6）创建 HomeHomeFragment 和 HomeArticleFragment。
（7）调试获取信息接口，并在界面展示。
（8）编辑 HomeHomeFragment。
（9）编辑 HomeArticleFragment。

8.2.2 相关知识

翻页视图 ViewPager

ViewPager 是 Android 封装好的可以实现视图滑动的组件，具有左右滑动翻页功能。ViewPager 中一个页面可以看作一项，许多页面组成 ViewPager 的页面项。ViewPager 的适配器使用 PagerAdapter；ViewPager 的监听器使用 OnPageChangeListener（表示监听页面切换事件）。

8.2.3 任务实施

步骤 01

新建 ArticleDetailActivity.class。右击 activity 包，在快捷菜单中选择“New”→“Empty Activity”，命名为 ArticleDetailActivity。Activity 创建成功，将鼠标指针放在布局文件名上，按住 Ctrl 键，当布局文件名下方出现下画线时单击，进入布局文件。

步骤 02

这里我们使用 WebView 实现，首页文章详情页。

```
<?xml version="1.0" encoding="utf-8"?>
<LinearLayout xmlns:Android="http://schemas.Android.com/apk/res/Android"
    xmlns:app="http://schemas.Android.com/apk/res-auto"
    xmlns:tools="http://schemas.Android.com/tools"
    Android:layout_width="match_parent"
    Android:layout_height="match_parent"
    Android:background="@Android:color/white"
    Android:orientation="vertical"
    tools:context=".activity.ArticleDetailActivity">

    <WebView
        Android:id="@+id/detail_wv"
        Android:layout_width="match_parent"
        Android:layout_height="match_parent" />
</LinearLayout>
```

步骤 03

打开 ArticleDetailActivity.java，让其中的类继承 BaseActivity，使用 ButterKnife 初始化控件。修改 setContentView 为 setBaseContentView。设置标题栏，设置 WebView 相关方法。销毁 Activity 的同时，销毁 WebView。

```
public class ArticleDetailActivity extends BaseActivity {

@BindView(R.id.detail_wv)
    WebView wv;

    @Override
    protected void onCreate(Bundle savedInstanceState) {
        super.onCreate(savedInstanceState);
        setBaseContentView(R.layout.activity_article_detail);
        ButterKnife.bind(this);
```

```
        setIvBack();
        setTvTitle(" 详情 ");
        initWebView();
    }

    private void initWebView() {
        //WebView 的配置
        WebSettings setting = wv.getSettings();
        setting.setJavaScriptEnabled(true);
        setting.setJavaScriptCanOpenWindowsAutomatically(true);
        setting.setUseWideViewPort(true);// 关键点
        setting.setLayoutAlgorithm(WebSettings.LayoutAlgorithm.NARROW_COLUMNS);// 排版适应屏幕
        setting.setSupportZoom(true);// 支持缩放
        setting.setBuiltInZoomControls(true);
        setting.setAppCacheEnabled(true);
        setting.setDisplayZoomControls(false);// 显示缩放按钮
        setting.setBlockNetworkImage(false);
        setting.setAllowFileAccess(true);// 允许访问文件
        setting.setTextSize(WebSettings.TextSize.NORMAL);
//      setting.setTextZoom(150);
        setting.setDefaultTextEncodingName("UTF -8");
        setting.setCacheMode(WebSettings.LOAD_NO_CACHE);
        setting.setLoadWithOverviewMode(true);// 适配时很重要
        setting.setDomStorageEnabled(true);

        wv.setWebViewClient(new WebViewClient() {

            @Override
            public boolean shouldOverrideUrlLoading(WebView view, String url) {
                wv.loadUrl(url);
                return true;
            }
        });
    }

    @Override
    protected void onDestroy() {
        super.onDestroy();
        wv.stopLoading();
        wv.removeAllViews();
        wv.destroy();
        wv = null;
    }
}
```

步骤 04

调试获取信息接口，获取文章详情的网页地址。

首先，在 ComUrl 中添加详情接口地址。

```
public static String ARTICLE_DETAIL = ComUrl + "api/article";// 首页 - 文章详情
```

然后，在 entity 中新建 ArticleDetailEntity 实体类，解析接口返回数据。

新建接口方法 okhttp()，在 onCreate() 方法中调用。接口方法入参包括登录成功保存的 token、文章 id、文章类型。文章 id 和文章类型需要前一个页面传过来。

```
    private void okhttp() {
        HashMap<String, String> param = new HashMap<>();
        param.put("token", SPUtils.getPreference(this, SP_TOKEN));
        param.put("artId", getIntent().getStringExtra("id"));
        param.put("lx", getIntent().getStringExtra("type"));//wsdx 党员文章 /wz 普通文章（首页，网上党校）/tz 最
新通知
        commonOkhttp.execute(ARTICLE_DETAIL, param, new MyStringCallback(this) {
            @Override
            public void onSuccess(String response) {
                super.onSuccess(response);
                ArticleDetailEntity entity = gson.fromJson(response, ArticleDetailEntity.class);
                if (entity != null && entity.getData() != null) {
                    ArticleDetailEntity.DataBean dataBean = entity.getData();
                    String url = dataBean.getUrl();
                    wv.loadUrl(ComUrl + url);
                }
            }
        });
    }
```

步骤 05

为首页、党建活动页等中的新闻列表添加单击跳转详情页方法。在点击事件中添加如下代码实现跳转。

```
    Intent intent = new Intent(getActivity(), ArticleDetailActivity.class);
    intent.putExtra("id", data.get(position).getId());
    intent.putExtra("type", data.get(position).getLx());
    startActivity(intent);
```

步骤 06

使用 TabLayout 需要添加依赖，代码如下。

```
    implementation 'com.google.Android.material:material:1.3.0-alpha01'
```

步骤 07

打开 HomeFragment.java，将鼠标指针放在布局文件名上，按住 Ctrl 键，当布局文件名下方出现下画线时，单击进入 fragment_home.xml（新建 Fragment 时自动生成）布局文件，编辑布局文件，先将最外层布局改成垂直线性布局，垂直往下先放 TextView 标题，再放 TabLayout，最后放 ViewPager。代码实现如下。

```
    <LinearLayout xmlns:Android="http://schemas.Android.com/apk/res/Android"
        xmlns:app="http://schemas.Android.com/apk/res-auto"
        xmlns:tools="http://schemas.Android.com/tools"
        Android:layout_width="match_parent"
        Android:layout_height="match_parent"
        Android:orientation="vertical"
        tools:context=".fragment.HomeFragment">

        <TextView
            Android:layout_width="match_parent"
            Android:layout_height="wrap_content"
            Android:background="@color/colorPrimary"
            Android:gravity="center"
            Android:paddingTop="@dimen/dp_15"
```

```
    Android:paddingBottom="@dimen/dp_15"
    Android:text=" 河北省流动党员之家 "
    Android:textColor="@color/title"
    Android:textSize="@dimen/sp_18"
    Android:textStyle="bold" />

  <com.google.Android.material.tabs.TabLayout
    Android:id="@+id/home_tab"
    Android:layout_width="match_parent"
    Android:layout_height="@dimen/dp_40"
    Android:background="@Android:color/white"
    app:tabIndicatorColor="@color/colorPrimary"
    app:tabIndicatorFullWidth="false"
    app:tabMode="scrollable"
    app:tabRippleColor="@Android:color/transparent"
    app:tabSelectedTextColor="@color/colorPrimary"
    app:tabTextColor="@color/c_333333" />

  <Androidx.viewpager.widget.ViewPager
    Android:id="@+id/home_vp"
    Android:layout_width="match_parent"
    Android:layout_height="wrap_content" />

</LinearLayout>
```

运行程序，可正常运行。

步骤 08

打开 HomeFragment.java，删除系统自动生成的代码，添加 extends 关键字，使 HomeFragment 继承 BaseFragment。代码实现如下。

```
public class HomeFragment extends BaseFragment {

  private View view;

  @Override
  public void onCreate(Bundle savedInstanceState) {
    super.onCreate(savedInstanceState);
  }

  @Override
  public View onCreateView(LayoutInflater inflater, ViewGroup container, Bundle savedInstanceState) {
    view = inflater.inflate(R.layout.fragment_home, container, false);
    return view;
  }

}
```

使用 ButterKnife 初始化控件，将鼠标指针放在布局文件上，按 Alt+Insert 组合键选择 Generate Butterknife Injections 选择要声明的控件，自动生成声明控件的代码。在 onCreateView() 中手动添加如下代码。

```
ButterKnife.bind(this,view);
```

步骤 09

新建 TabVpEntity 实体类，用于存放 TabLayout 的 Item 和 Fragment。手动添加 str 和 Fragment

变量，按 Alt+Insert 组合键，选择要声明的控件，自动生成构造方法和 getter 方法。

```
public class TabVpEntity { // 新建 TabVpEntity 实体类，存放 TabLayout 的 Item 和 Fragment
    private String str;
    private Fragment fragment;

    public TabVpEntity(String str, Fragment fragment) {
        this.str = str;
        this.fragment = fragment;
    }

    public String getStr() { // 手动添加 str 和 Fragment 变量
        return str;
    }

    public Fragment getFragment() {
        return fragment;
    }

    public void setFragment(Fragment fragment) {
        this.fragment = fragment;
    }
}
```

步骤 10

新建 FragPagerAdapter 适配器类，添加 extends 关键字，使其继承 FragmentPagerAdapter。设置标题和 Fragment。

```
public class FragPagerAdapter extends FragmentPagerAdapter { // 新建 FragPagerAdapter 适配器类

    private ArrayList<TabVpEntity> mTabVps;

    public FragPagerAdapter(FragmentManager fm, ArrayList<TabVpEntity> mData) {
        super(fm);
        this.mTabVps = mData;
    }

    @Override
    public Fragment getItem(int position) {
        return mTabVps.get(position).getFragment();
    }

    @Override
    public int getCount() {
        return mTabVps.size();
    }

    @Override// 设置标题和 Fragment
    public CharSequence getPageTitle(int position) {
        return mTabVps.get(position).getStr();
    }

}
```

步骤 11

要想使首页可左右滑动，需再创建几个 Fragment，新建 HomeHomeFragment（首页）和 HomeArticleFragment（文章列表），如图 8-1 所示。

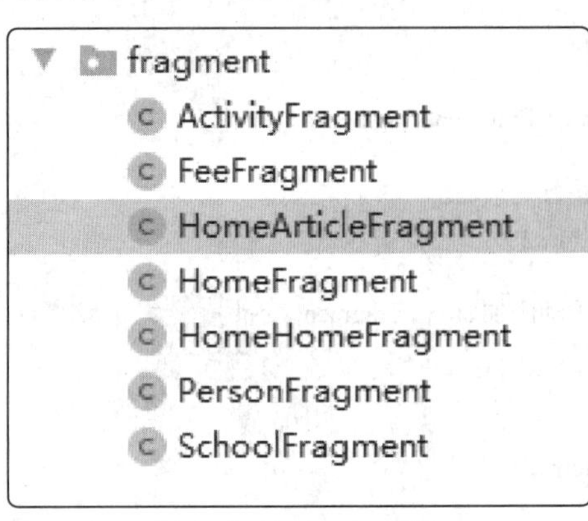

图 8-1　Fragment 结构

步骤 12

调试获取信息接口，获取 TabLayout 每项的名称。在移动软件开发中需要网络交互或者调用接口的界面一般需要加上刷新控件，我们在 fragment_home.xml 的内容的最外层套上刷新控件。

```
<com.scwang.smartrefresh.layout.SmartRefreshLayout xmlns:Android="http://schemas.Android.com/apk/res/Android"
    xmlns:app="http://schemas.Android.com/apk/res-auto"
    xmlns:tools="http://schemas.Android.com/tools"
    Android:id="@+id/home_refresh"
    Android:layout_width="match_parent"
    Android:layout_height="match_parent"
    tools:context=".fragment.HomeFragment">
</com.scwang.smartrefresh.layout.SmartRefreshLayout>
```

在 ComUrl 中添加获取首页信息的接口地址。

```
public static String INDEX = ComUrl + "api/index";// 首页
```

在 entity 包中新建 HomeEntity 解析接口返回数据。

HomeFragment 的首页没有分页，我们设置刷新控件只刷新不加载，创建网络请求方法 okhttpIndex()，并在刷新方法中调用。接口调用成功后设置 TabLayout 和 ViewPager。将获取的相关信息分别传入 HomeHomeFragment 和 HomeArticleFragment。修改 HomeHomeFragment 和 HomeArticleFragment 实例方法，使其可正常传参。

HomeFragment 完整实现如下。

```
public class HomeFragment extends BaseFragment {

    @BindView(R.id.home_tab)
    TabLayout homeTab;
    @BindView(R.id.home_vp)
    ViewPager homeVp;
    @BindView(R.id.home_refresh)
    SmartRefreshLayout refresh;

    private View view;
```

```
@Override
public View onCreateView(LayoutInflater inflater, ViewGroup container, Bundle savedInstanceState) {
    view = inflater.inflate(R.layout.fragment_home, container, false);// 获取界面对象
    ButterKnife.bind(this, view);// 绑定控件
    refresh.setEnableLoadMore(false);// 刷新状态
    refresh.setOnRefreshListener(new OnRefreshListener() {
        @Override
        public void onRefresh(@NonNull RefreshLayout refreshLayout) {
            okhttpIndex();// 刷新时调用网络请求接口
        }
    });
    refresh.autoRefresh();
    return view;
}

private void okhttpIndex() { // 网络请求接口
    HashMap<String, String> param = new HashMap<>();
    param.put("client", GeneralTools.getDeviceId(getActivity()));// 设置客户端，token 参数
    param.put("token", SPUtils.getPreference(getActivity(), SP_TOKEN));
    commonOkhttp.execute(INDEX, param, new MyStringCallback(getActivity(), false) {
        @Override
        public void onSuccess(String response) { // 调用成功，对数据生成实体对象，刷新屏幕
            super.onSuccess(response);
            refresh.finishRefresh(true);
            HomeEntity entity = gson.fromJson(response, HomeEntity.class);
            setView(entity);
        }
        @Override
        public void onOther(String response, int status, String message) { // 调用失败，提示原因
            super.onOther(response, status, message);
            if (refresh != null) {
                refresh.finishRefresh(true);
            }
        }

        @Override
        public void onError(String error) {
            super.onError(error);
            if (refresh != null) {
                refresh.finishRefresh(false);
            }
        }
    });
}

private void setView(HomeEntity entity) { // 刷新屏幕数据
    if (entity != null && entity.getData() != null) {
        HomeEntity.DataBeanX dataBeanX = entity.getData();
        List<HomeEntity.DataBeanX.LmListBean> lmList = dataBeanX.getLmList();
        if (lmList != null && lmList.size() > 0) {
            ArrayList<TabVpEntity> mTabVps = new ArrayList<>();
            mTabVps.add( // 设置标签页信息
new TabVpEntity(" 首页 ", HomeHomeFragment.newInstance(entity.getData())));
            for (HomeEntity.DataBeanX.LmListBean item : lmList) {
```

```
            mTabVps.add( // 绑定适配器
    new TabVpEntity(item.getName(), HomeArticleFragment.newInstance(item.getId())));
          }
            FragPagerAdapter adapter = new FragPagerAdapter(getActivity().getSupportFragmentManager(),
mTabVps);
          homeVp.setAdapter(adapter);
          homeTab.setupWithViewPager(homeVp);
          homeVp.addOnPageChangeListener(new ViewPager.OnPageChangeListener() {
            @Override
            public void onPageScrolled(int position, float positionOffset, int positionOffsetPixels) {

            }

            @Override
            public void onPageSelected(int position) {
              if (position == 0) {
                refresh.setEnableLoadMore(false);
                refresh.setEnableRefresh(true);
              } else {
                refresh.setEnableLoadMore(false);
                refresh.setEnableRefresh(false);
              }
            }

            @Override
            public void onPageScrollStateChanged(int state) {

            }
          });
        }
      }
    }


  }
```

◈ 步骤 13

HomeHomeFragment 代码实现如下。

```
  private HomeEntity.DataBeanX dataBeanX;

  public static HomeHomeFragment newInstance(HomeEntity.DataBeanX dataBeanX) {
    HomeHomeFragment fragment = new HomeHomeFragment();
    Bundle args = new Bundle();
    args.putSerializable("dataBeanX", dataBeanX);
    fragment.setArguments(args);
    return fragment;
  }

  @Override
  public void onCreate(Bundle savedInstanceState) {
    super.onCreate(savedInstanceState);
    if (getArguments() != null) {
      dataBeanX = (HomeEntity.DataBeanX) getArguments().getSerializable("dataBeanX");
```

```
    }
}
```

步骤 14

HomeArticleFragment 代码实现如下。

```
private String id = "";
public static HomeArticleFragment newInstance(String id) {
    HomeArticleFragment fragment = new HomeArticleFragment();
    Bundle args = new Bundle();
    args.putString("id", id);
    fragment.setArguments(args);
    return fragment;
}

@Override
public void onCreate(Bundle savedInstanceState) {
    super.onCreate(savedInstanceState);
    if (getArguments() != null) {
        id = getArguments().getString("id");
    }
}
```

重新运行程序，运行效果如图 8-2 所示。

图 8-2 运行效果

学习笔记

8.2.4　扩展知识

TabLayout

Android.support.design.widget.TabLayout 是 Android support 包中的一个控件，Android 支持库在升级到 Android X 之后，将 TabLayout 迁移到 material 包下面，现在是 com.google.android.material.tabs.TabLayout，原来在 support 下面的 TabLayout 从 API 29 开始就不再维护了。所以如果项目的支持库已经升级到了 Android X，建议直接使用迁移后的 TabLayout。TabLayout 一般与 ViewPager 和 Fragment 结合使用实现可滑动的标签选择器。

8.2.5　任务小结

本次任务我们完成了首页的编写。通过本次任务，读者熟练掌握 TabLayout 及 ViewPager 的使用。

8.3　任务 2——完成首页轮播图

8.3.1　任务描述

已完成包含顶部导航的首页的创建，接下来我们完成首页轮播图创建。由图 8-3 可知首页包含可左右滑动的轮播图和文章列表。这里我们使用 Banner 来实现轮播。轮播效果如图 8-3 所示。

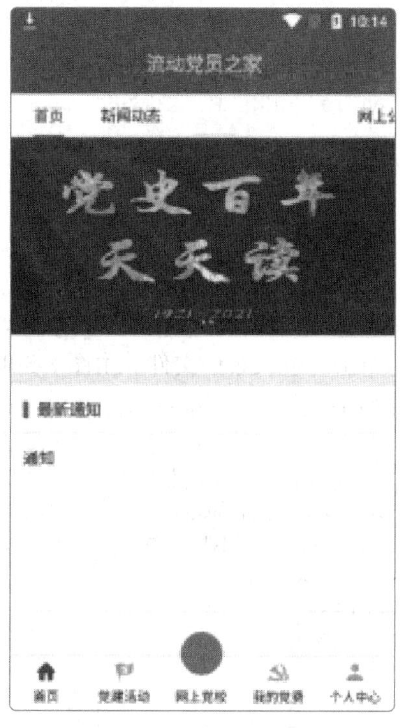

图 8-3　轮播效果

实施步骤如下。

（1）添加 Banner 依赖。

（2）编写 fragment_home_home.xml。

（3）初始化控件。

（4）根据首页传过来的数据设置轮播图展示内容。

（5）根据首页传过来的数据设置文章列表展示数据。

8.3.2　相关知识

1. Serializable 和 Parcelable

使用 Intent 传递对象通常有两种实现方式：Serializable 和 Parcelable。

Serializable 是序列化，表示将一个对象转换成可存储或可传输的状态。序列化后的对象可以在网络上进行传输，也可以存储到本地。序列化的方法是，让一个类去实现 Serializable 这个接口。

Parcelable 的实现原理是将一个完整的对象进行分解，而分解后的每一部分都是 Intent 所支持的数据类型。

2. Banner

现在的绝大数 App 都有轮播图，可以实现循环播放多个广告图片等功能。因为 ViewPager 并不支持循环翻页，所以要实现循环还得自己动手设置，可以自己定义，也可以选择第三方框架实现。

8.3.3 任务实施

微课视频

轮播图首页实现

步骤 01

打开 build.gradle(Module:app)，添加 Banner 依赖，并同步项目。

```
implementation 'com.youth.banner:banner:1.4.10'
```

步骤 02

打开 HomeHomeFragment，将鼠标指针放在布局文件名 fragment_home_home 上，按住 Ctrl 键，当布局文件名下方出现下画线时单击，进入布局文件。由图 8-3 可知，首页标签页由一个轮播图和一个列表组成，可滑动。编辑 fragment_home_home.xml。

```
<ScrollView
xmlns:Android="http://schemas.Android.com/apk/res/Android"
    xmlns:app="http://schemas.Android.com/apk/res-auto"
    xmlns:tools="http://schemas.Android.com/tools"
    Android:id="@+id/fragment_home_home_sv"
    Android:layout_width="match_parent"
    Android:layout_height="match_parent"
    Android:orientation="vertical"
    Android:scrollbars="none">

    <LinearLayout
      Android:layout_width="match_parent"
      Android:layout_height="wrap_content"
      Android:orientation="vertical">

      <LinearLayout
        Android:layout_width="match_parent"
        Android:layout_height="wrap_content"
        Android:background="@Android:color/white"
        Android:gravity="center_horizontal"
        Android:orientation="vertical">

        <com.youth.banner.Banner
          Android:id="@+id/fragment_home_home_banner"
          Android:layout_width="match_parent"
          Android:layout_height="@dimen/dp_180"
          app:image_scale_type="fit_xy" />

        <TextView
          Android:id="@+id/fragment_home_home_tv_banner"
          Android:layout_width="wrap_content"
          Android:layout_height="wrap_content"
          Android:layout_margin="@dimen/dp_8"
          Android:gravity="center"
          Android:textColor="@color/c_333333"
          Android:textSize="@dimen/tvM" />
      </LinearLayout>
```

```
        <TextView style="@style/line_wide" />

        <com.systop.party.view.NestingListView
            Android:id="@+id/fragment_home_home_nlv"
            style="@style/lv"
            Android:layout_width="match_parent"
            Android:layout_height="wrap_content"
            Android:divider="@color/line"
            Android:dividerHeight="@dimen/marginM" />
    </LinearLayout>
</ScrollView>
```

◈ 步骤 03

打开 HomeHomeFragment.java，让 HomeHomeFragment 继承 BaseFragment，使用 ButterKnife 初始化控件。

```
public class HomeHomeFragment extends BaseFragment { // 使用 ButterKnife 初始化控件，并绑定控制对象

    @BindView(R.id.fragment_home_home_banner)
    Banner banner;
    @BindView(R.id.fragment_home_home_tv_banner)
    TextView tvBanner;
    @BindView(R.id.fragment_home_home_nlv)
    NestingListView nlv;
    @BindView(R.id.fragment_home_home_sv)
    ScrollView sv;;

    private View view;

    @Override
    public View onCreateView(LayoutInflater inflater, ViewGroup container,
                             Bundle savedInstanceState) {
        view=inflater.inflate(R.layout.fragment_home_home, container, false);
        ButterKnife.bind(this, view);
        return view;
    }
}
```

◈ 步骤 04

将首页传过来到数据设置到轮播图控件上。我们选择第三方框架 Glide 显示图片。在 build.gradle 中添加相关依赖，并同步项目。

```
implementation 'com.github.bumptech.glide:glide:4.9.0'
```

使用轮播图还需要在 utils 包新建 GlideImageLoader 类。

```
public class GlideImageLoader extends ImageLoader {
    @Override
    public void displayImage(Context context, Object path, ImageView imageView) {
        /**
        注意：
        返回的图片路径为 Object 类型，由于不能确定你到底使用的哪种图片加载器、
        传输的到底是什么格式的图片，那么这个时候就使用 Object 类型的变量接收和返回，你只需将该变
        量要强转成你传输的类型就行，但切记不要胡乱强转！
```

```
        */

        //Glide 加载图片的简单用法
        Glide.with(context).load(path).into(imageView);
    }
}
```

加载图片需要在 ComUrl 中添加公共图片地址。

```
public static String COMIMG = ComUrl + "project_files/";
```

轮播图代码实现如下。

```
private void initBanner() {
    ArrayList<String> listTitle = new ArrayList<>();
    ArrayList<String> listImages = new ArrayList<>();
    List<HomeEntity.DataBeanX.JdwzListBean> jdwzListBeans = dataBeanX.getJdwzList();
    if (jdwzListBeans != null && jdwzListBeans.size() > 0) {
        tvBanner.setText(jdwzListBeans.get(0).getTitle());
        for (HomeEntity.DataBeanX.JdwzListBean item : jdwzListBeans) {
            listTitle.add(item.getTitle());
            listImages.add(COMIMG + item.getFocusPic());
        }
    }
    banner.setBannerTitles(listTitle);
    banner.setImages(listImages);
    // 设置图片加载器
    banner.setImageLoader(new GlideImageLoader());
    // 设置图片集合，放到 banner.setImages(listImages); 上
    // 设置 Banner 动画效果
    banner.setBannerAnimation(Transformer.DepthPage);
    // 设置自动轮播，默认为 true
    banner.isAutoPlay(false);
    // 设置轮播时间
    banner.setDelayTime(2000);
    // 设置指示器位置
    banner.setIndicatorGravity(BannerConfig.CIRCLE_INDICATOR_TITLE);
    //Banner 的设置方法全部调用完毕时最后调用
    banner.start();
    banner.setOnPageChangeListener(new ViewPager.OnPageChangeListener() {
        @Override
        public void onPageScrolled(int position, float positionOffset, int positionOffsetPixels) {

        }

        @Override
        public void onPageSelected(int position) {
            tvBanner.setText(listTitle.get(position));
        }

        @Override
        public void onPageScrollStateChanged(int state) {

        }
```

```
    });
    banner.setOnBannerListener(new OnBannerListener() {
      @Override
      public void OnBannerClick(int position) {
        // 跳转详情页
      }
    });
}
```

步骤 05

嵌套文章列表展示。先在布局文件包中新建 item_home_article.xml，效果如图 8-4 所示，它由一个标题和一个嵌套列表组成。

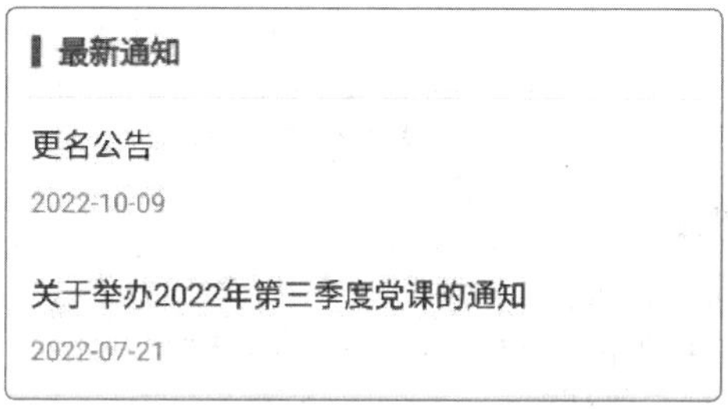

最新通知

更名公告

2022-10-09

关于举办2022年第三季度党课的通知

2022-07-21

图 8-4　嵌套文章列表布局

提取红色竖线样式到 style。

```
<style name="line_red">
  <item name="Android:layout_width">@dimen/dp_5</item>
  <item name="Android:layout_height">@dimen/dp_15</item>
  <item name="Android:layout_marginRight">@dimen/marginM</item>
  <item name="Android:background">@color/colorPrimary</item>
</style>
```

item_home_article.xml 代码实现如下。

```
<?xml version="1.0" encoding="utf-8"?>
<LinearLayout xmlns:Android="http://schemas.Android.com/apk/res/Android"
  Android:layout_width="match_parent"
  Android:layout_height="match_parent"
  Android:orientation="vertical">

  <LinearLayout
    Android:layout_width="match_parent"
    Android:layout_height="wrap_content"
    Android:background="@drawable/bg_line_bottom"
    Android:gravity="center_vertical"
    Android:padding="@dimen/margin">

    <TextView style="@style/line_red" />

    <TextView
      Android:id="@+id/item_home_article_tv"
      Android:layout_width="match_parent"
      Android:layout_height="wrap_content"
      Android:text=" 网上党校 "
      Android:textColor="@color/colorPrimary"
```

```
        Android:textSize="@dimen/tv"
        Android:textStyle="bold" />
    </LinearLayout>


    <com.systop.party.view.NestingListView
      Android:id="@+id/item_home_article_nlv"
       style="@style/lv"
       Android:layout_width="match_parent"
       Android:layout_height="wrap_content" />
</LinearLayout>
```

其中嵌套列表的单个列表项布局如图 8-5 所示。新建 item_article.xml。

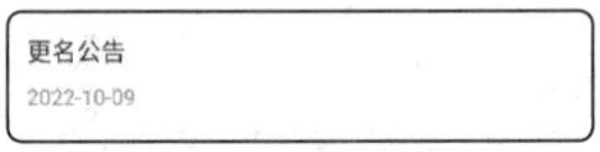

图 8-5 单个列表项布局

item_article.xml 代码实现如下。

```
<?xml version="1.0" encoding="utf-8"?>
<LinearLayout xmlns:Android="http://schemas.Android.com/apk/res/Android"
    Android:layout_width="match_parent"
    Android:layout_height="wrap_content"
    Android:orientation="vertical"
    Android:background="@Android:color/white"
    Android:padding="@dimen/margin">

    <TextView
        Android:id="@+id/item_article_tv_title"
        Android:layout_width="match_parent"
        Android:layout_height="wrap_content"
        Android:lineSpacingExtra="@dimen/marginS"
        Android:maxLines="2"
        Android:ellipsize="end"
        Android:text=""
        Android:textColor="@color/c_333333"
        Android:textSize="@dimen/tv" />

    <TextView
        Android:id="@+id/item_article_tv_date"
        Android:layout_width="wrap_content"
        Android:layout_height="wrap_content"
        Android:layout_marginTop="@dimen/marginM"
        Android:text=""
        Android:textColor="@color/c_999999"
        Android:textSize="@dimen/tvM" />>

</LinearLayout>
```

设置文章列表适配器，并设置数据。

```
private void initNlv() {
    List<HomeEntity.DataBeanX.WzListBean> wzList = dataBeanX.getWzList();
    CommonAdapter<HomeEntity.DataBeanX.WzListBean> adapter = new CommonAdapter<HomeEntity.
DataBeanX.WzListBean>(getActivity(), R.layout.item_home_article, wzList) {
```

```
            @Override
            protected void convert(ViewHolder viewHolder, HomeEntity.DataBeanX.WzListBean item, int position) {
                viewHolder.setText(R.id.item_home_article_tv, item.getLnmc());
                NestingListView lv = viewHolder.getView(R.id.item_home_article_nlv);
                List<HomeEntity.DataBeanX.WzListBean.DataBean> data = item.getData();
                lv.setAdapter(new CommonAdapter<HomeEntity.DataBeanX.WzListBean.DataBean>(getActivity(),
R.layout.item_article, data) {
                    @Override
                    protected void convert(ViewHolder viewHolder, HomeEntity.DataBeanX.WzListBean.DataBean item,
int position) {
                        viewHolder.setText(R.id.item_article_tv_title, item.getTitle());
                        viewHolder.setText(R.id.item_article_tv_date, item.getPubDate());
                    }
                });
                lv.setOnItemClickListener(new AdapterView.OnItemClickListener() {
                    @Override
                    public void onItemClick(AdapterView<?> parent, View view, int position, long id) {
                        // 跳转文章详情页
                    }
                });
            }
        };
        nlv.setAdapter(adapter);
    }
```

在 onCreateView() 方法中调用 initBanner() 和 initNlv() 方法。重新运行程序，运行效果如图 8-6 所示。

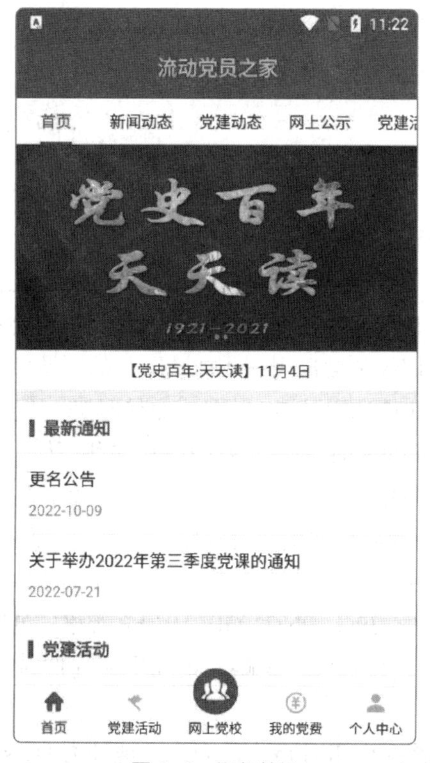

图 8-6 运行效果

学习笔记

8.3.4 扩展知识

Glide

Android 中的每个应用程序都会有最大的内存开销，如果在我们的程序中处理不当很容易导致内存溢出进而导致程序崩溃。最常见的情况就是图片的加载，现在的图片像素都非常大，每个像素点有 4 个字节，一张图片动辄几兆甚至十几兆，因此我们需要对图片进行一定的处理。为了缩短开发周期和降低难度，我们经常会选用一些加载图片的开源库，不用写烦琐的代码，使用时也比较稳定，流动党员之家中我们选用了 Glide 图片加载框架。下面对 Glide 框架做简单介绍。

Glide 是一款由 Bump Technologies 公司开发的图片加载框架，使我们可以在 Android 平台上以非常简单的方式加载和展示图片。

Glide 的基础功能包含：图片异步加载，设置加载尺寸，设置加载动画，设置要加载的内容，设置加载中以及加载失败的图片。

Glide 的特色功能包含：加载 JPG、PNG、GIF、WebP 等格式的图片，加载视频，设置缩略图，跳过内存缓存，动态清理内存，设置缓存策略，集成生命周期，设置动态转换，设置下载优先级等。

Glide 的详细说明及使用请参考 GitHub 中的内容，地址为 https://github.com/bumptech/glide。

8.3.5 任务小结

本次任务我们完成了首页轮播图。

8.4 任务 3——完成首页文章详情页创建

8.4.1 任务描述

使用 WebView 创建文章详情页。实现效果如图 8-7 所示。

图 8-7　WebView 实现效果

实施步骤如下。

（1）新建 ArticleDetailActivity.java。

（2）编辑包含 WebView 的 activity_article_detail.xml。

（3）编辑 ArticleDetailActivity.java，设置 WebView 相关方法。

（4）调试接口获取文章详情页 URL 链接。

（5）为文章列表的列表项添加单击事件，实现单击后跳转文章详情页，运行应用程序并查看效果。

8.4.2 相关知识

WebView

WebView 是 Android 系统的原生控件，其主要功能是与前端页面进行响应交互，快捷省时，相当于增强版的内置浏览器。使用时需要在配置文件里设置网络权限，定义布局大小和样式，绑定和操作。网页的跳转包括前进、后退、自定义跳转。

（1）WebView 的作用：显示和渲染 Web 页面；直接使用 HTML 文件（网络上或本地 assets 中）进行布局；可和 JavaScript 交互调用。

（2）WebSettings 管理 Web 视图设置状态的相关配置如下。

```
WebSettings webSettings = webView.getSettings();

webSettings.setJavaScriptEnabled(true); // 是否开启 JavaScript 支持
webSettings.setPluginsEnabled(true); // 是否开启插件支持
webSettings.setJavaScriptCanOpenWindowsAutomatically(true); // 是否允许 JavaScript 打开新窗口

webSettings.setUseWideViewPort(true);
// 设置 WebView 是否启用对 "viewport"HTML 元标记的支持，或应用宽视口
webSettings.setLoadWithOverviewMode(true);
// 设置 WebView 是否以概览模式加载页面，即按宽度缩小内容以适应屏幕
webSettings.setSupportZoom(true); // 是否支持缩放
webSettings.setBuiltInZoomControls(true); // 是否支持缩放变焦，前提是支持缩放
webSettings.setDisplayZoomControls(false); // 是否隐藏缩放控件

webSettings.setAllowFileAccess(true); // 是否允许访问文件
webSettings.setDomStorageEnabled(true); // 是否节点缓存
webSettings.setDatabaseEnabled(true); // 是否数据缓存
webSettings.setAppCacheEnabled(true); // 是否应用缓存
webSettings.setAppCachePath(uri); // 设置缓存路径

webSettings.setMediaPlaybackRequiresUserGesture(false); // 是否通过手势触发媒体
webSettings.setStandardFontFamily("sans-serif"); // 设置 WebView 标准字体库字体，默认字体为 "sans-serif"
webSettings.setFixedFontFamily("monospace");
webSettings.setSansSerifFontFamily("sans-serif");
webSettings.setSerifFontFamily("sans-serif");
webSettings.setCursiveFontFamily("cursive");
webSettings.setFantasyFontFamily("fantasy");
webSettings.setTextZoom(100); // 设置文本缩放的百分比
webSettings.setMinimumFontSize(8); // 设置文本字体的最小值（1 ~ 72）
webSettings.setDefaultFontSize(16); -> 设置文本字体默认的大小

webSettings.setLayoutAlgorithm(LayoutAlgorithm.SINGLE_COLUMN); // 按规则重新布局
webSettings.setLoadsImagesAutomatically(false); // 是否自动加载图片
webSettings.setDefaultTextEncodingName("UTF-8"); // 设置编码格式
webSettings.setNeedInitialFocus(true); // 是否需要获取焦点
webSettings.setGeolocationEnabled(false); // 设置开启定位功能
webSettings.setBlockNetworkLoads(false); // 是否从网络获取资源
```

8.4.3 任务实施

步骤 01

新建 ArticleDetailActivity.java，声明其含有 WebView 对象 wv，并对其进行初始化配置。

```
public class ArticleDetailActivity extends BaseActivity {
    @Bindview(R.id.detail_wv)
    WebView wv ;

    @Override
    protected void oncreate(Bundle savedInstanceState) {
        super.onCreate( savedInstanceState);
        setBaseContentView( R.layout.activity_article_detail);ButterKnife.bind( this) ;
        setIvBack( );
        setTvTitle( " 详情 " );initwebView( );
    }
```

步骤 02

编辑包含 WebView 的 activity_article_detail.xml，将其设定为线性布局。通过 WebView 控件设定 ID、宽度、高度等属性。

```
<?xml version="1.0" encoding="utf-8"?>
<LinearLayout xm1ns:android="http:// lschemas.android.com/apk/res/android"
    xmlns : app="http : // schemas.android.com/ apk/res-auto"
    xmlns:tools="http: // schemas.android.com/tools"
    android : layout_width="match_parent"
    android: layout_height="match_parent"
    android: background="@android: color/white"android:orientation="vertical"
    tools: context=".activity.ArticleDetailActivity">
    <webView
        android:id="@+id/detail_wv"
        android: layout_width="match_parent"android: layout_height="match_parent" />
</ LinearLayout>
```

步骤 03

编辑 ArticleDetailActivity.java，设置 WebView 相关方法，包括设定其排版适应屏幕、支持缩放、允许访问文件等属性。

```
private void initwebView( ) {
    / / webview 的配置
    webSettings setting = wv.getSettings( );
    setting.setJavaScriptEnabled( true);
    setting.setJavaScriptcanOpenwindowsAutomatically(true);
    setting.setUsewideViewPort(true);// 关键点
    setting.setLayoutAlgorithm(WebSettings.LayoutAlgorithm .NARROW_COLUMNS); // 排版适应屏幕
    setting.setSupport Zoom( true);// 支持缩放
    setting.setBuiltInzoomControls(true);
    setting.setAppCacheEnabled( true);
```

```
        setting.setDisplayZoomControls( false); // 显示缩放按钮
        setting.setBlockNetworkImage( false);
        setting.setAllowFileAccess(true); // 允许访问文件
        setting.setTextSize(webSettings.TextSize.NORMAL);
        setting.setTextZoom (150 ) ;
        setting.setDefaultTextEncodingName( "UTF -8");
        setting.setCacheMode(webSettings.LOAD_NO_CACHE);
        setting.setLoadwithoverviewMode( true);// 适配时很重要
        setting.setDomStorageEnabled( true);
        wv.setwebviewclient( new webviewClient( ) {
            @Override
            public boolean shouldOverrideUrlLoading(webView view, string url) {
                wv . loadUrl(url);
                return true;
            }
        });
}
```


步骤 04

调试接口，获取文章详情页 URL 链接。通过之前讲过的 OkHttp 网络框架进行开发，设定参数 token、id、type，调用封装好的 commonOkhttp 类实现文章详情页请求的发送。当网络请求成功后，会封装返回的数据，传递给 WebWiew 对象进行处理显示。

```
private void okhttp( ) {
    HashMap<String, String> param = new HashMap< >( );
    param.put( "token". SPUtils.getPreference( this, SP_TOKEN));
    param. put( "artId". getIntent( ).getStringExtra( "id" ));
    param. put("lx", getIntent( ).getStringExtra( "type" ));//wsdx 党员文章 /wz 普通文章（首页，网上党校）/tz 最新通知
    commonOkhttp.execute(ARTICLE_DETAIL, param, new MyStringCallback(this) {
            @override
            public void onSuccess(String response) {
                super.onSuccess(response);
                ArticleDetailEntity entity = gson. fromJson(response, ArticleDetailEntity.class);
                if (entity != null && entity.getData() != null) {
                    ArticleDetailEntity.DataBean dataBean = entity.getData();
                    String url = dataBean.getUr1();
                    wv . loadUr1(ComUrl + url);
                }
            }
    });
}
```

步骤 05

为文章列表的列表项添加单击事件，实现单击后跳转到文章详情页，运行应用程序并查看效果。

学习笔记

8.4.4 扩展知识

WebViewClient 和 WebChromeClient

（1）WebViewClient。控件客户端，用于处理各种通知和请求事件。

onPageStarted()：页面开始加载时调用，这时候可以显示加载进度条，让用户耐心等待页面的加载。

onPageFinished()：页面完成加载时调用，这时候可以隐藏加载进度条，提醒用户页面已经完成加载。

onLoadResource()：页面每次加载资源时调用。

shouldOverrideUrlLoading()：WebView 加载 URL 默认会调用系统的浏览器，通过重写该方法，实现在当前应用内完成页面加载。

onReceivedError()：页面加载发生错误时调用，这时候可以跳转到自定义的错误提醒页面，比系统默认的错误提醒页面美观，优化用户体验。

onReceivedHttpError()：通知宿主应用程序在加载资源时从服务器收到了 HTTP 错误。

onReceivedSslError()：通知宿主应用程序在加载资源时发生了 SSL 错误。

shouldOverrideKeyEvent()：覆盖按键默认的响应事件，这时候可以根据自身的需求在按下某些按钮时加入相应的逻辑。

onScaleChanged()：页面的缩放比例发生变化时调用，这时候可以根据当前的缩放比例来重新调整 WebView 中显示的内容，如修改字体大小、图片大小等。

shouldInterceptRequest()：可以根据请求携带的内容来判断是否需要拦截请求。

代码中使用如下。

```
WebViewClient webViewClient = new WebViewClient(){
  @Override
  public void onPageStarted(WebView view, String url, Bitmap favicon) {

  }

  @Override
  public void onPageFinished(WebView view, String url) {

  }

  @Override
  public boolean onLoadResource(WebView view, String url) {

  }

  @Override
  public boolean shouldOverrideUrlLoading(WebView view, String url) {
    view.loadUrl(url);
    return true; // 消费事件终止传递
  }

  @Override
  public void onReceivedError(WebView view, int errorCode,
    String description, String failingUrl){
    view.loadUrl("file:///Android_assets/error.html"); // assets 目录下放置的文件
  }

webView.setWebViewClient(webViewClient);
```

（2）WebChromeClient。浏览器客户端，用于处理网站图标、网站标题、网站弹窗等。

WebChromeClient 辅助 WebView 处理 Javascript 的对话框、网站图标、网站标题、加载进度等。当 WebView 只是用来处理一些 HTML 的页面内容，只用 WebViewClient 就行，如果需要更丰富的处理效果，比如 JavaScript、进度条等，就要用到 WebChromeClient。

onProgressChanged()：页面加载进度发生变化时调用，可以通过该方法实时向用户反馈加载情况，如显示进度条等。

onReceivedIcon()：接收 Web 页面的图标，可以通过该方法把图标设置在原生的控件上，如 Toolbar 等。

onReceivedTitle()：接收 Web 页面的标题，可以通过该方法把标题设置在原生的控件上，如 Toolbar 等。

onJsAlert()：处理 JavaScript 的 Alert 对话框。

onJsPrompt()：处理 JavaScript 的 Prompt 对话框。

onJsConfirm()：处理 JavaScript 的 Confirm 对话框。

onPermissionRequest()：Web 页面请求 Android 权限时调用。

onPermissionRequestCanceled()：Web 页面请求 Android 权限被取消时调用。

onShowFileChooser()：Web 页面上传文件时调用。

getVideoLoadingProgressView()：自定义媒体文件播放加载时的进度条。

getDefaultVideoPoster()：设置媒体文件默认的预览图。

onShowCustomView()：媒体文件进入全屏时调用。

onHideCustomView()：媒体文件退出全屏时调用。

```
WebChromeClient webChromeClient = new WebChromeClient();
```

8.4.5 任务小结

本任务我们完成了文章详情页。

8.5 单元小结

本学习单元学习如何使用 TabLayout 控件、ViewPager 控件和 Banner 轮播图插件，并学习使用 WebView 搭建文章详情页，重点讲解 TabLayout 控件与 ViewPager 控件结合使用的步骤和注意事项，分析了轮播图的实现原理，并使用 Banner 组件实现应用的轮播显示。本学习单元最后讲解如何使用 WebView 实现移动网页开发。

学习单元09

完成流动党员之家开发收尾

9.1 单元概述

本学习单元整体优化已完成的项目代码，完成 App 图标更换，添加 App 启动页，启动页中实现用户自动登录，实现必要权限的动态申请。通过本学习单元学习，读者应熟练掌握动态申请权限，掌握 App 图标更换。

表9-1　工作任务单

任务名称	Android 项目开发实践	任务编号	09
子任务名称	完成 App 开发收尾	完成时间	60min
任务描述	添加启动页，完成动态申请权限、自动登录功能。完成桌面 App 图标及名称更换		
任务要求	完成启动页		
	完成 App 图标及名称更换		
任务环境	Android Studio 开发工具，雷电模拟器		
任务重点	掌握用户自动登录功能的实现，掌握动态申请权限，掌握 Asset Studio 工具的使用		
任务准备	创建完成的 Party 项目		
任务工作流程	先添加启动页，在启动页中实现用户自动登录功能，完成动态申请权限，最后更换 App 图标和名称		
任务评价标准	是否实现用户自动登录		
	是否成功更换 App 图标和名称		
知识链接	1. launchMode 2. 线程 3. 异步任务处理框架——WorkManager 4. 图标		

9.1.1 知识目标

（1）了解动态申请权限。
（2）了解 Activity 的启动模式。

9.1.2 技能目标

（1）熟练掌握 App 图标更换。
（2）熟练掌握用户自动登录的实现方法。
（3）熟练掌握动态申请权限。

9.2 任务1——完成启动页创建

9.2.1 任务描述

添加启动页，启动页实现动态申请权限，实现用户自动登录。效果如图 9-1 所示。

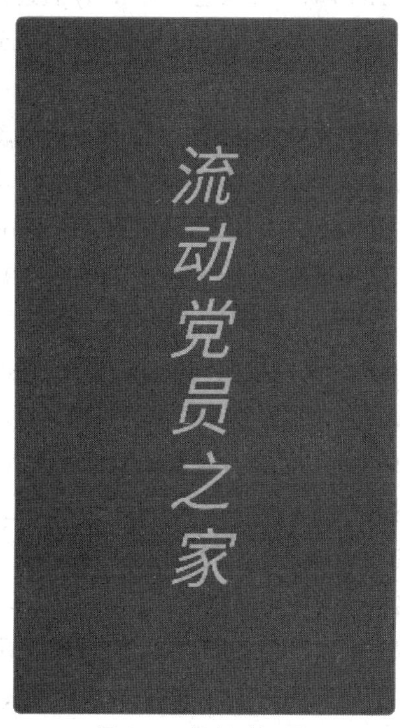

图 9-1　启动页效果图

实施步骤如下。
（1）新建 WelcomeActivity。

（2）设置全屏样式。

（3）将启动页设置成主界面。

（4）调整逻辑使用户可自动登录。

（5）动态申请权限。

（6）调用相关方法。

9.2.2 相关知识

launchMode

在 Android 系统中，在默认的情况下，如果我们启动的是同一个 Activity，系统会创建多个实例并把它们一一放入任务栈中。当我们多次点击返回键，这些 Activity 实例又将从任务栈中一一移除，遵循的原则是“后进先出”。

多次启动同一个 Activity，系统会创建多个实例放入任务栈中，这样很耗费内存资源。为了解决这一问题，Android 为 Activity 提供了 4 种启动模式：standard、singleTop、singleTask 和 singleInstance。

（1）standard，标准模式，也是默认模式。每当我们启动一个 Activity 时，系统就会创建一个实例，不管这个实例是否已经存在。这种模式下，一个任务栈中可以有多个实例，每个实例也都有自己的任务栈，而且谁启动了 Activity，那么这个 Activity 就运行在启动它的 Activity 所在的栈中。在 AndroidManifest.xml 中配置时，Android:launchMode= "standard" 可以不写，因为默认就是 standard 模式。

（2）singleTop，栈顶复用模式，这种启动模式下，如果要启动的 Activity 已经处于任务栈的顶部，那么此时系统不会创建新的实例，而是直接打开此页面，同时它的 onNewIntent() 方法会被执行，我们可以通过 Intent 进行传值，而且它的 onCreate() 和 onStart() 方法不会被调用，因为它并没有发生任何变化。这种启动模式在 AndroidManifest.xml 中的配置为 Android: launchMode= "singleTop"。

（3）singleTask，栈内复用模式，又称单实例模式。在这种模式下，如果任务栈中存在这个 Activity 的实例就会复用这个 Activity，不管它是否位于栈顶，复用时，会将它上面的 Activity 全部出栈。singleTask 本身自带 clearTop 功能，并且会回调该实例的 onNewIntent() 方法。这个过程还存在任务栈的匹配，因为以这种模式启动时，Activity 会在自己需要的任务栈中寻找实例，这个任务栈通过 taskAffinity 属性指定。如果这个任务栈不存在，则会创建这个任务栈。如果不设置 taskAffinity 属性的话，任务栈名默认为应用的包名。

（4）singleInstance，单实例模式（加强的 singleTask）。该模式具备 singleTask 模式的所有特性，且这种模式下的 Activity 会单独占用一个任务栈，具有全局唯一性，即整个系统中只有这一个实例。由于栈内复用的特性，后续的请求均不会创建新的 Activity 实例，除非这个特殊的任务栈被销毁。以 singleInstance 模式启动的 Activity 在整个系统中是单实例的，如果在启动这样的 Activity 时，已经存在一个实例，那么会把它所在的任务栈调度到前台，重用这个实例。

9.2.3 任务实施

微课视频

启动页实现

步骤 01

新建 WelcomeActivity，使它继承 BaseActivity。

步骤 02

启动页我们使用全屏样式。为了让图片充满全屏，在 style 中设置全屏样式。

```
<style name="FullScreen" parent="Theme.AppCompat.Light.NoActionBar">
    <item name="Android:windowBackground">@drawable/welcome</item>
    <item name="Android:windowNoTitle">true</item>
    <item name="windowActionBar">false</item>
    <item name="Android:windowFullscreen">true</item>
    <item name="Android:windowContentOverlay">@null</item>
</style>
```

步骤 03

在 AndroidManifest.xml 中，将 WelcomeActivity 设置为主界面，设置主题样式为 style 中定义好的全屏样式，屏幕方向垂直，将启动模式改为单实例模式，保证程序运行中只存在一个启动页。

```
<activity
    Android:name=".activity.WelcomeActivity"
    Android:launchMode="singleInstance"
    Android:screenOrientation="portrait"
    Android:theme="@style/FullScreen"
    Android:windowSoftInputMode="stateHidden|stateAlwaysHidden">
    <intent-filter>
        <action Android:name="Android.intent.action.MAIN" />

        <category Android:name="Android.intent.category.LAUNCHER" />
    </intent-filter>
</activity>
```

步骤 04

自动登录。使用线程设置启动页停留 3s，判断 token 是否为空，若为空则跳转至登录页，不为空则跳转至首页，完成自动登录功能实现。

```
private void start() {
    new Thread(new Runnable() {
        @Override
        public void run() {
            try {
                Thread.sleep(3000);
                finishActivity();
                String token = SPUtils.getPreference(WelcomeActivity.this, SP_TOKEN);
                if (TextUtils.isEmpty(token)) {
                    Intent intent = new Intent(WelcomeActivity.this, LoginActivity.class);
                    startActivity(intent);
                } else {
                    Intent intent = new Intent(WelcomeActivity.this, MainActivity.class);
                    startActivity(intent);
```

```
            }
        } catch (InterruptedException e) {
            e.printStackTrace();
        }
    }
}).start();
}
```

◈ 步骤 05

动态申请权限。这里我们要获取设备号，需要动态申请获取手机状态权限，弹框询问用户是否同意该应用获取手机状态权限，用户可以选择同意、拒绝、不再询问。若用户选择同意，则正常执行后续代码；若用户选择拒绝，则告诉用户“请允许必要权限！”，若用户点击“确定”，则再次弹起询问弹框，若用户选择“取消”，则退出应用；若用户选择不再询问，弹框提示“请去设置页面开启必要权限！”，打开设置界面，手动开启权限并返回应用界面，重新判断是否已获取权限。具体代码实现如下：


```
/**
 * Android 6.0 以上需要动态申请权限
 */
private void initPermission() {
    String permissions[] = {Manifest.permission.CAMERA,
            Manifest.permission.READ_PHONE_STATE
    };
    ArrayList<String> toApplyList = new ArrayList<String>();
    for (String perm : permissions) {
        if (PackageManager.PERMISSION_GRANTED != ContextCompat.checkSelfPermission(this, perm)) {
            toApplyList.add(perm);// 进入这里代表没有权限
        }
    }
    String[] tmpList = new String[toApplyList.size()];
    if (!toApplyList.isEmpty()) {
        ActivityCompat.requestPermissions(this, toApplyList.toArray(tmpList), PERMISSION);
    } else {
        start();
    }
}

private static final int NOT_NOTICE = 3;// 如果用户已勾选，则系统不再询问
private static final int PERMISSION = 123;
private AlertDialog alertDialog;
private AlertDialog mDialogSet;

@Override
public void onRequestPermissionsResult(int requestCode, String[] permissions, int[] grantResults) {
    super.onRequestPermissionsResult(requestCode, permissions, grantResults);
    if (requestCode == PERMISSION) {
        boolean isHaveDeny = false, isNoInquiry = false;
        for (int i = 0; i < permissions.length; i++) {
            if (grantResults[i] == PERMISSION_GRANTED) {// 用户选择了“始终允许”
                LoggerUtil.i(" 权限 " + permissions[i] + " 申请成功 ");
            } else {
                if (!ActivityCompat.shouldShowRequestPermissionRationale(this, permissions[i])) {
                                                        // 用户选择了禁止且不再询问
```

```
                isNoInquiry = true;
            } else {// 选择禁止
                isHaveDeny = true;
            }
        }
    }
    if (isHaveDeny) {
        // 拒绝
        showDialog();
    } else if (isNoInquiry) {
        // 不再询问
        showDialogGoSet();
    } else {
        start();
    }
  }
}

private void showDialog() {
    AlertDialog.Builder builder = new AlertDialog.Builder(this);
    builder.setMessage(" 请允许必要权限！ ")
            .setNegativeButton(" 取消 ", new DialogInterface.OnClickListener() {
                @Override
                public void onClick(DialogInterface dialog, int which) {
                    alertDialog.dismiss();
                }
            })
            .setPositiveButton(" 去允许 ", new DialogInterface.OnClickListener() {
                public void onClick(DialogInterface dialog, int id) {
                    if (alertDialog != null && alertDialog.isShowing()) {
                        alertDialog.dismiss();
                    }
                    initPermission();
                }
            });
    alertDialog = builder.create();
    alertDialog.setCanceledOnTouchOutside(false);
    alertDialog.setOnDismissListener(new DialogInterface.OnDismissListener() {
        @Override
        public void onDismiss(DialogInterface dialog) {
            finish();
        }
    });
    alertDialog.show();
}

private void showDialogGoSet() {
    AlertDialog.Builder builder = new AlertDialog.Builder(this);
    builder.setTitle("permission")
            .setMessage(" 请去设置页面开启必要权限！ ")
            .setNegativeButton(" 取消 ", new DialogInterface.OnClickListener() {
                @Override
                public void onClick(DialogInterface dialog, int which) {
                    mDialogSet.dismiss();
```

```
            }
        })
        .setPositiveButton(" 去允许 ", new DialogInterface.OnClickListener() {
            public void onClick(DialogInterface dialog, int id) {
                if (mDialogSet != null && mDialogSet.isShowing()) {
                    mDialogSet.dismiss();
                }
                Intent intent = new Intent(Settings.ACTION_APPLICATION_DETAILS_SETTINGS);
                Uri uri = Uri.fromParts("package", getPackageName(), null);
                                                    // 注意就是 "package", 不用改成自己的包名
                intent.setData(uri);
                startActivityForResult(intent, NOT_NOTICE);
            }
        });
    mDialogSet = builder.create();
    mDialogSet.setCanceledOnTouchOutside(false);
    mDialogSet.show();
}
```


步骤 06

在 onCreate() 中调用相关方法前，判断手机 Android 版本号是否高于 6.0，因为在 Android 6.0 之后需要动态申请权限。

```
@Override
protected void onCreate(Bundle savedInstanceState) {
    super.onCreate(savedInstanceState);
    setContentView(R.layout.activity_welcome);
    if (Build.VERSION.SDK_INT >= Build.VERSION_CODES.M) {
        initPermission();
    } else {
        start();
    }
}
```

9.2.4 扩展知识

1. 线程

Android 中的线程可以分为主线程和子线程，主线程主要用来处理和界面相关的操作，比如界面绘制和响应用户的操作。为了确保用户体验，主线程必须确保其响应速度，所以任何时候我们都不应该在主线程中处理非常耗时的任务，否则会造成界面卡顿甚至 ANR（Application Not Responding，应用程序无响应）。而子线程的作用就是完成耗时的操作，确保主线程的响应速度。

除了线程本身，在 Android 中还有很多可以扮演线程角色的对象，比如 AsyncTask、IntentService、HandlerThread 等，尽管它们的表现形式不同于线程，但它们的本质还是线程，只不过结合了一些其他的功能，让它们可以适用于不同的应用场景。AsyncTask 封装了线程池和 Handler，它主要的作用是让开发者在使用子线程时能够方便地更新 UI。HandlerThread 是一种具有消息循环的线程，在它的内部可以使用 Handler。IntentService 内部采用 HanderThread 来执行任务，任务执行完毕后，IntentService 会自动退出程序栈，不再占用系统资源和空间。

2. 异步任务处理框架——WorkManager

WorkManager 是针对一些即使应用程序退出了也要由系统确保运行的任务设计的，可以延迟执行后台任务。WorkManager 可以轻松让异步任务延迟执行以及设置何时执行它们。我们可以给 WorkManager 设置一个任务，然后选择相应运行的环境，并在符合条件时将其交给 WorkManager 运行，即使该应用被强制退出，此任务仍可保证运行。其重要属性如下。

Worker：指定我们需要执行的任务。

WorkRequest：代表一个单独具体的任务。一个 WorkRequest 对象指定某个 Worker 类应该执行该任务，同时可以向 WorkRequest 对象中添加详细信息，指定任务运行的环境。每个 WorkManager 都有一个自动生成的唯一 ID，我们可以使用此 ID 执行取消排队或者获取任务状态等内容。一般常用的是 WorkManager 的子类：OneTimeWorkRequest 或 PeriodicWorkRequest。

WorkRequest.Builder：用于创建 WorkRequest 对象。常用 OneTimeWorkRequest.Builder 或 PeriodicWorkRequest.Builder。

Constraints：指定任务何时何状态运行。我们可以通过 Constraints.Builder 创建 Constraints 对象，并在创建 WorkRequest 前将 Constraints 对象传递给 WorkRequest.Builder。

WorkManager：将 WorkRequest 入队并管理。我们可以将 WorkRequest 对象传递给 WorkManager，由 WorkManager 同意调度。

WorkStatus：包含有关特定任务的信息。WorkManager 为每个 WorkRequest 对象提供一个 LiveData。LiveData 持有一个 WorkStatus，通过观察 LiveData 确认任务的当前状态。

9.2.5 任务小结

本任务我们完成了启动页的编写。

9.3 任务 2——完成更换 App 图标及名称

9.3.1 任务描述

学习使用 Asset Studio 工具制作 App 图标并更换 App 名称。

实施步骤如下。

（1）准备资源。

（2）使用 Asset Studio 工具制作 App 图标。

（3）修改 App 名称。

9.3.2 相关知识

图标

可以将不同大小的图片放在相应分辨率的 mipmap 目录下。从 Android 8.0 系统开始，Android 官方已经不再建议使用单一的图片来作为 App 图标，而建议使用前景和背景分离的图标设计方式。图标形状交给手机厂商后，手机厂商会在图标的前景层和背景层之上再盖上一层蒙版，这个蒙版可以是圆角矩形、圆形或是正方形等，视具体手机厂商而定。

9.3.3 任务实施

微课视频

桌面图标更换及 App 打包签名

步骤 01

准备好一张图片作为图标的前景层 App 图标。

步骤 02

借助 Android Studio 提供的 Asset Studio 工具来制作能够兼容各个 Android 系统版本的 App 图标。单击菜单栏中的“File”→“New”→“Image Asset”打开 Asset Studio 工具，如图 9-2 所示。

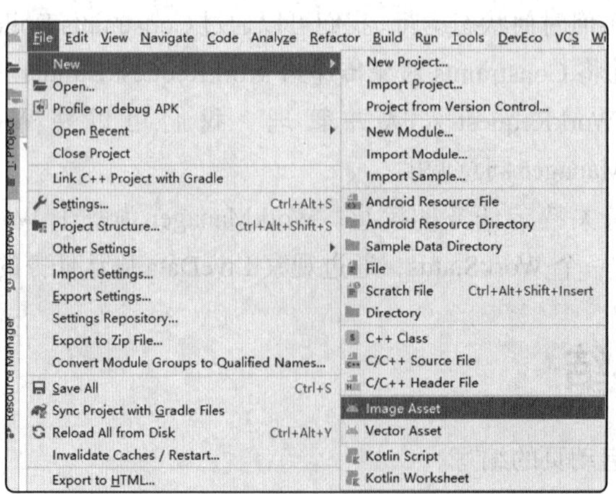

图 9-2　打开 Asset Studio 工具

修改前景层配置、背景层配置，如图 9-3 所示。

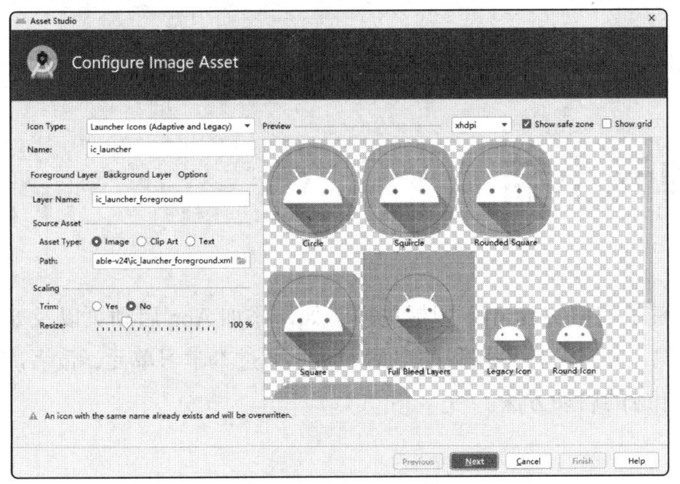

图 9-3　修改配置

单击“Next”按钮后单击“Finish”按钮完成 App 图标制作。所有图标都会被生成到相应的 mipmap 目录下。运行程序，查看桌面的 App 图标已被更改。

步骤 03

修改 AndroidManifest.xml 中的 label 属性值，可修改应用程序名称，如图 9-4 所示。

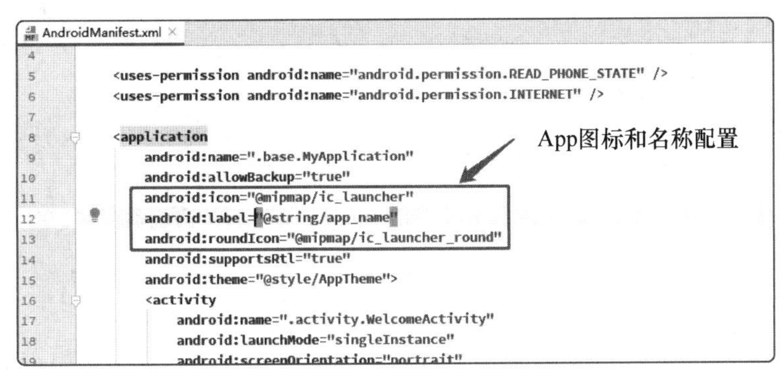

图 9-4　修改 AndroidManifest.xml

9.3.4 任务小结

本任务我们完成了 App 图标和名称的更换。

9.4 单元小结

本学习单元讲解了如何实现 App 图标更换、如何添加 App 启动页以及如何在启动页中实现用户登录功能等知识，并且解析了权限的申请方法。通过本学习单元，读者应掌握权限动态申请流程、启动模式和相应的启动方法。

学习单元10

完成流动党员之家打包签名

10.1 单元概述

之前我们都是通过 Android Studio 直接将应用运行到模拟器，其工作流程是 Android Studio 将程序代码打包成 APK 文件，然后将文件传输到模拟器，执行安装操作。Android 系统会将所有 APK 文件识别为应用程序安装包，但是不是所有 APK 文件都能成功安装到手机上？ Android 系统规定只有签名后的 APK 文件才可以安装。运行到模拟器上就可以直接运行是因为 Android Studio 使用了一个默认的 keystore 文件帮我们自动进行了签名。正式发布应用需要使用正式 keystore 文件对应用进行签名。签名有两种方式：使用 Android Studio 生成签名文件和使用 Gradle 生成签名文件。通过讲解流动党员之家的打包过程，读者了解到只有符合用户需求、占用内存小、下载方便的 APK，才能占领应用市场，也了解到要培养竞争意识和精益求精的工匠精神。

表10-1　工作任务单

任务名称	Android 项目开发实践	任务编号	10
子任务名称	完成 APK 文件打包签名	完成时间	60min
任务描述	使用两种方式生成签名文件		
任务要求	使用 Android Studio 生成 APK 文件		
任务环境	Android Studio 开发工具，雷电模拟器		
任务重点	掌握 APK 打包签名		
任务准备	创建完成的 Party 项目		
任务工作流程	先使用 Android Studio 生成签名文件，再使用 Gradle 生成签名文件		
任务评价标准	是否生成已签名 APK 文件		
知识链接	1. Android Studio 打包 2. Gradle 配置 3. 配置 Build Variants 4. 生成 APK 文件		

10.1.1 知识目标

了解签名文件的生成方式。

10.1.2 技能目标

熟练掌握 APK 签名方法。

10.2 任务——使用 Android Studio 生成签名文件

10.2.1 任务描述

扫码学习

学习使用 Android Studio 完成 App 打包签名。

实施步骤如下。

（1）使用 Android Studio 完成 App 打包签名。

（2）生成已完成签名的 APK 文件。

10.2.2 相关知识

Android Studio 打包

开发完一款 App 之后，需要对其进行打包，才可以发布（release）供用户使用。而 Android Studio 集成了打包的工具。有两种打包方式：Gradle 配置打包和“Build”→“Generate Signed Bundle/APK”打包。

签名文件：在进行打包之前，首先需要一个签名文件。Eclipse 的签名文件是以 .keystore 为扩展名的文件；Android Studio 的签名文件是以 .jks 为扩展名的文件。签名文件的要素如表 10-2 所示。

表10-2　签名文件的要素

英文名	解释
key Store	密钥库路径
key Store Password	密钥库密码
key Alias	签名文件别名
key Password	签名文件密码

在开发阶段，用到第三方 SDK 新建应用项目时，需要签名 KEY 的 SHA1 信息。这里可以使用 Android Studio 自带的 debug.keystore。

可以使用命令 keytool-list-v-keystore~/.android/debug.keystore-alias androiddebugkey-storepass android-keypass android，在终端直接获取签名 KEY 的 SHA1 信息创建签名文件，生成 APK 文件。

单击菜单栏“Build”→“Generate Signed Bundle/APK”，在“Module”下拉列表中选择合适的选项，然后单击“Create new”按钮创建一个新的 KEY 文件，再单击“Next”按钮。

10.2.3 任务实施

步骤 01

单击菜单栏中的“Build”，选择“Generate Signed Bundle/APK”。此时弹出选择打包方式的对话框，选中“APK”单选按钮，即选择使用 Android Studio 打包，具体如图 10-1 所示。单击“Next”按钮。

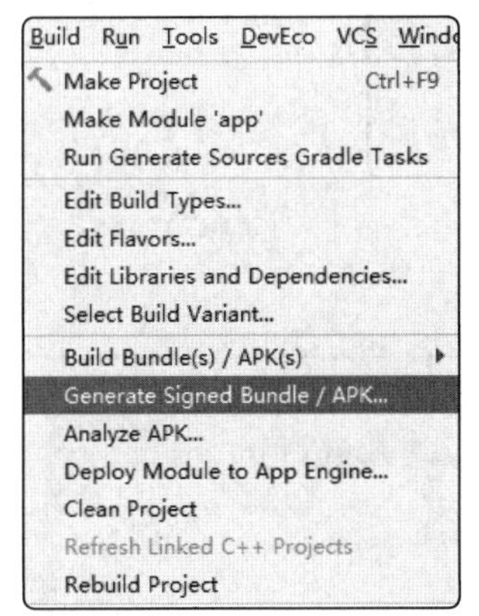

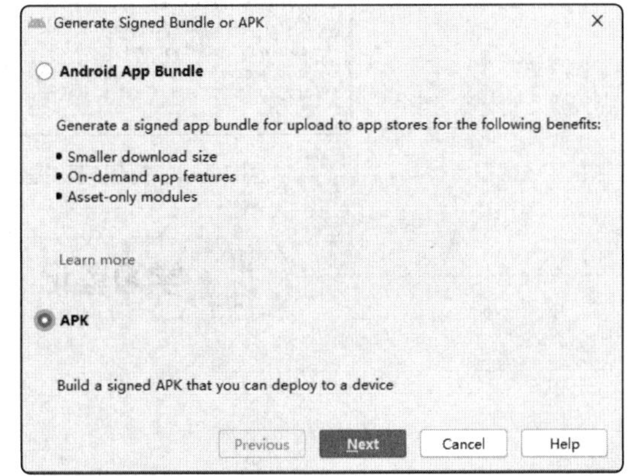

图 10-1 选择打包方式

在输入框中输入密码库路径和密码，如果没有，单击“Create new”按钮，在弹出的对话框中输入相关信息，如图 10-2 所示。

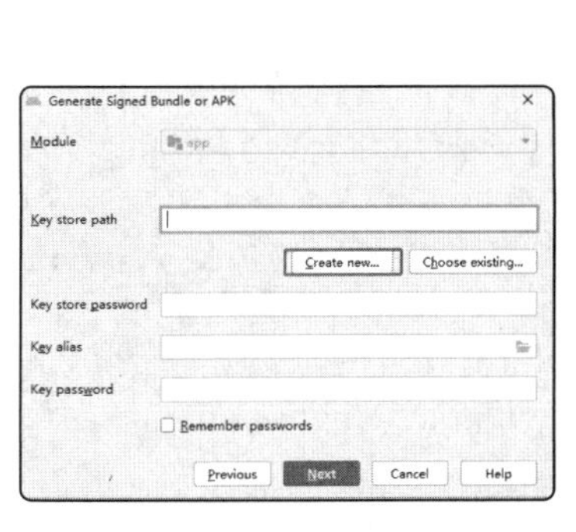

图 10-2 输入签名文件相关信息

单击“Next”按钮，选择 APK 输出地址，勾选“V1（Jar Signature）”和“V2（Full APK Signature）”复选框，并单击“Finish”按钮，如图 10-3 所示。

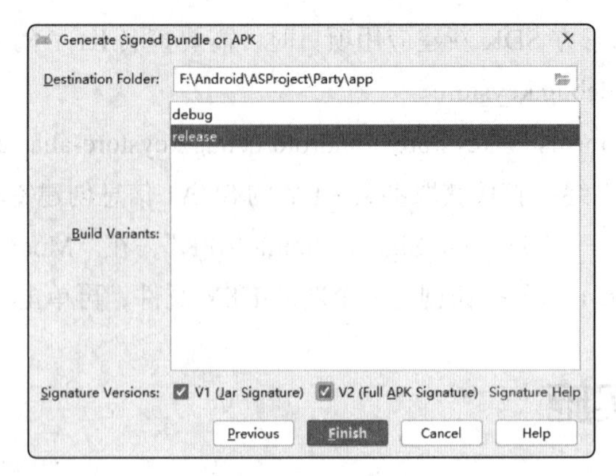

图 10-3　打包 APK

步骤 02

等待进度条显示完成，弹出提示框，单击“locate”，可看到已生成 APK 文件，如图 10-4 所示。

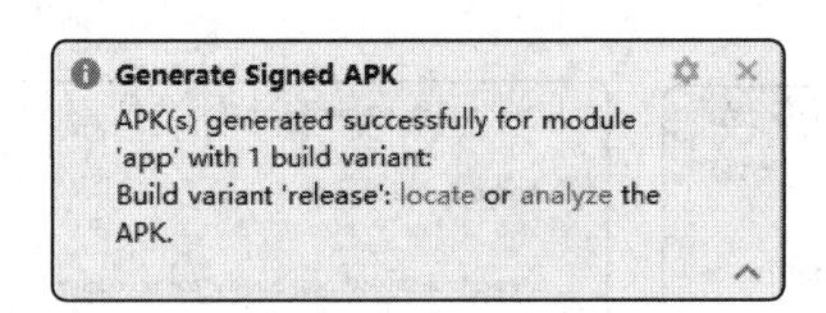

图 10-4　打包成功提示

10.2.4 扩展知识

1. Gradle 配置

使用 Gradle 配置签名文件，在 build.gradle(module:app) 中加入下面的代码。

```
signingConfigs {
    release {
        storeFile file("foolishdev.jks")
        storePassword "9445118798"
        keyAlias "foolishdev"
        keyPassword "9445118798"
    }
}
```

这里要输入的信息即之前创建签名文件时的 4 个要素的值。

配置 Build Type。

```
build type{
    release {
        // 不显示 log
        buildConfigField "boolean", "LOG_DEBUG", "false"
        // 混淆
        minifyEnabled true
        //zipAlign 优化
        zipAlignEnabled true
        // 移除无用的 resource 文件
        shrinkResources true
        // 加载默认混淆配置文件
        proguardFiles getDefaultProguardFile('proguard-android.txt'), 'proguard-rules.pro'
        // 签名
        signingConfig signingConfigs.release
    }
}
```

通过 signingConfig signingConfigs.release 来配置 Build Type 的签名信息，可以设置是否显示 log、移除无用的资源文件、加载默认的配置文件等属性。可以看到这里使用了 Gradle 配置签名文件时配置的 KEY。

其实 Android Studio 中 module 默认都会有 debug 和 release 这两个 Build Type。debug 是用于开发时测试的版本，而 release 是用来发布的版本。当然在这里也可以配置自定义的版本，并配置特有的签名文件，在 Build Variants 操作框中会生成该 Build Type。

2. 配置 Build Variants

在模块的 build.gradle 文件里的 android{} 区块中可以创建和配置构建类型。当创建一个新的模块的时候，Android Studio 自动创建 debug 和 release。debug 构建类型不出现在构建配置文件中，Android Studio 通过 debuggable true 来配置。这允许用户在一个安全的 Android 设备中调试 app，并且使用一个通用的 debug 的密码库对 APK 进行签名。

如果用户想添加或更高的设置，你可以添加 debug 构建类型到配置中。下面的例子声明为 debug 构建类型声明了一个 applicationIdSuffix，并且配置一个 jnidebug 构建类型，设置其根据

debug 构建类型进行初始化。

```
android {
    ...
    defaultConfig {...}
    buildTypes {
        release {
            minifyEnabled true
            proguardFiles getDefaultProguardFile('proguard-android.txt'), 'proguard-rules.pro'
        }

        debug {
            applicationIdSuffix ".debug"
        }

        /**
         * The 'initWith' property allows you to copy configurations from other build types,
         * so you don't have to configure one from the beginning. You can then configure
         * just the settings you want to change. The following line initializes
         * 'jnidebug' using the debug build type, and changes only the
         * applicationIdSuffix and versionNameSuffix settings.
         */

        jnidebug {

            // This copies the debuggable attribute and debug signing configurations.
            initWith debug

            applicationIdSuffix ".jnidebug"
            jniDebuggable true
        }
    }
}
```

3. 生成 APK 文件

当准备工作全部完成时，在菜单栏中执行"Run"→"Run App"或"Build"→"Build APK"就会自动在 module name\app\build\outputs\apk 路径下生成 APK 文件。

10.2.5 任务小结

本次任务我们完成了项目打包操作，讲解了项目收尾流程以及签名方式。

10.3 单元小结

本学习单元完成了流动党员之家 App 的开发过程，重点分析了打包的步骤，并且解析了参数配置。